用身边的材料制作简单、可爱的花朵45种

指尖上绽放的浪漫

布艺花

BOOK OF CLOTH FLOWERS

〔日〕指吸快子 著
如鱼得水 译

河南科学技术出版社
·郑州·

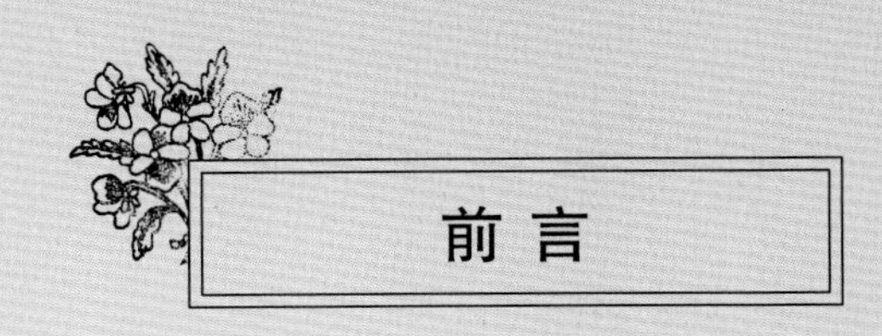

前言

家里小小的碎布头，还有不穿的衣服，

将这些布变身成可爱的花朵吧。

细细碎碎地裁，一针一针地缝。

有的花朵要在花瓣上刺绣，

有的要用印台油上色，

大家可以发挥自己的创造力制作喜欢的花朵。

做好的花朵，

可以装饰房间，或者做成小饰品。

简简单单地，

一起享受制作布花的乐趣吧。

目录

布花作品 *p.10*

布花的百变用途 *p.40*

制作方法 *p.42*

材料和工具 *p.42*

基本制作方法 *p.43*

作品的制作方法 *p.49*

Marguerite
雏菊
p.14 / 制作方法 …… p.43
Clover
三叶草
p.11 / 制作方法 …… p.50
Peony
牡丹
p.13 / 制作方法 …… p.51
Plumeria
鸡蛋花
p.15 / 制作方法 …… p.52
Strawberry
草莓
p.20 / 制作方法 …… p.53
Iberis
屈曲花
p.27 / 制作方法 …… p.54
Calla lily
马蹄莲
p.33 / 制作方法 …… p.55
Lily of the valley
铃兰
p.32 / 制作方法 …… p.56
Rosebud
玫瑰花蕾
p.36 / 制作方法 …… p.57

Rose
玫瑰
p.12 / 制作方法 …… p.58
Hibiscus
木槿花
p.15 / 制作方法 …… p.59
Poinsettia
一品红
p.37 / 制作方法 …… p.60
Camellia
椿花
p.28 / 制作方法 …… p.61
Dahlia
大丽花
p.30 / 制作方法 …… p.61
Carnation
康乃馨
p.31 / 制作方法 …… p.62
Strawberry candle
绛三叶
p.34 / 制作方法 …… p.63
Anthurium
火鹤花
p.35 / 制作方法 …… p.63
Anemone
银莲花
p.25 / 制作方法 …… p.52

Hydrangea
绣球花
p.10 / 制作方法 …… p.64
Blue star
蓝星花
p.24 / 制作方法 …… p.65
Cornflower
矢车菊
p.24 / 制作方法 …… p.65
Nemophila
喜林草
p.24 / 制作方法 …… p.66
Blue daisy
蓝雏菊
p.24 / 制作方法 …… p.67
Allium
洋葱花
p.29 / 制作方法 …… p.67
Iris
鸢尾
p.30 / 制作方法 …… p.68
Clematis
铁线莲
p.30 / 制作方法 …… p.69
Scabiosa
紫盆花
p.30 / 制作方法 …… p.69

Dandelion
蒲公英
p.16 / 制作方法 …… p.70
Corn poppy
虞美人
p.18 / 制作方法 …… p.70
Marigold
金盏花
p.19 / 制作方法 …… p.71
Viola
三色堇
p.21 / 制作方法 …… p.72
Sunflower
向日葵
p.23 / 制作方法 …… p.72
Narcissus
水仙
p.26 / 制作方法 …… p.73
Craspedia
金槌花
p.27 / 制作方法 …… p.73
Gazania
勋章菊
p.27 / 制作方法 …… p.74
Banksia rose
木香花
p.27 / 制作方法 …… p.74

Philadelphia daisy
春飞蓬
p.17 / 制作方法 …… p.75
Gerbera
大丁草花
p.22 / 制作方法 …… p.75
Sakura
樱花
p.38 / 制作方法 …… p.76
Morning glory
牵牛花
p.38 / 制作方法 …… p.76
Tiger lily
卷丹
p.38 / 制作方法 …… p.77
Primula
报春花
p.38 / 制作方法 …… p.77
Cosmos
大波斯菊
p.38 / 制作方法 …… p.78
Cattleya
卡特兰
p.38 / 制作方法 …… p.78
Sweet pea
豌豆花
p.39 / 制作方法 …… p.79

Hydrangea

绣球花

花语：合家团圆

六月，盛开在雨中，圆蓬蓬的，呈球形。
剪出一片片花瓣，粘贴在底座上。
可以将颜色换成紫色、粉色等，制作五彩缤纷的绣球花。

制作方法 …… *p.64*

Clover

三叶草

花语：幸运

—

摘下一枝枝三叶草，做成花环，
或者寻找稀有的四叶草。
这是很受孩子们欢迎的路边草，很惹人怜爱。
四叶草上，装饰了白线做的刺绣。

制作方法 …… *p.50*

Sarabande (Floribunda) (Meilland, 1957)
The perfect habit of this variety renders it one of the most
beautiful bedding plants. Somewhat dwarf, it covers the ground well
to a height of approximately 2ft. with an evenness of growth which
is a virtue not always to be found in the floribundas. The blooms are a
dazzling scarlet most freely produced from June until October.
W. Abbing
44

Rose

玫瑰

花语：爱情

芳香的玫瑰，被人喜爱已久。
用锥子将花瓣卷一下，做出生动的形状，表现玫瑰的娇艳。

制作方法 …… *p.58*

Peony

牡丹

花语：富贵

经常用来形容女子的高贵之美，花朵看起来很华美。
用黄色绣线做出蓬松的花蕊，很漂亮。

制作方法 …… *p.51*

Marguerite

雏菊

花语：占卜爱情

将花瓣一片片地撕下来，不断重复“喜欢，不喜欢”，
如果最后一片是“喜欢”，说明两情相悦。
自古以来，人们常常以雏菊花瓣来占卜爱情。
这里，我们把花瓣的片数设计为奇数。

制作方法 …… *p.43*

Hibiscus

木槿花

花语：纤细之美

—

这是热带花，让人想起南国风情。
可以做成发卡，用来装饰头发。

制作方法 …… *p.59*

Plumeria

鸡蛋花

花语：典雅

—

在夏威夷岛，人们会把它做成花环。
花瓣用印台油上色。

制作方法 …… *p.52*

Dandelion

蒲公英

花语：神谕

春天，绽放在路边。
用麻布做成，扯出毛边，看起来会更加生动。

制作方法 …… *p.70*

Philadelphia daisy

春飞蓬

花语：追忆之爱

——

这种小小的路边野花，这些年开始大量出现。
花瓣纤细，惹人怜爱。

制作方法 …… *p.75*

Corn poppy

虞美人

花语：体贴

原产于欧洲，圆润的花瓣非常可爱。
春天，五颜六色的虞美人开满大地。

制作方法 …… *p.70*

Marigold

金盏花

花语：忍耐

花瓣重重叠叠，非常华美。
因为花期较长，有“忍耐”的花语，常用作婚礼饰花，
以祝福新人永浴爱河。

制作方法 …… *p.71*

Strawberry

草莓

花语：幸福的家庭

盛开在春天的惹人怜爱的小花，还有酸酸甜甜的果实。
江户时代（1603—1868），荷兰人将草莓传播到日本。
蓬松的花蕊，是在布中塞入填充棉做成的。

制作方法 …… *p.53*

PROPAGATION BY SEED
59
PREPARATION OF SEED BEDS, ETC.
Viola 'Mrs. Young'. An interesting bedding variety.

Viola

三色堇

花语：诚实

盛开在庭院，给人一种亲切感，被誉为“花坛女王”。
花色丰富，因此选择各种颜色的布来制作。

制作方法 …… *p.72*

Gerbera

大丁草花

花语：希望

适用于婚礼用的捧花和毕业典礼用的花束等，
经常出现在各种吉庆场合。
也可以做一朵，送给亲友。

制作方法 …… *p.75*

Sunflower

向日葵

花语：爱慕

夏天向着太阳绽放，色彩明媚。
用来装饰房间，心情也变得明亮起来。

制作方法 …… *p.72*

a. Blue star

蓝星花

花语：幸福之爱

在日本，人们经常用此花庆祝生育男孩。
花瓣像星星，呈蓝色，因此叫作蓝星花。

制作方法 …… *p.65*

b. Cornflower

矢车菊

花语：优美

盛开在春夏时节。
花蕊使用了两种刺绣针法。

制作方法 …… *p.65*

c. Nemophila

喜林草

花语：爱怜

“Nemophila”来自希腊语中的“nemos（小森林）”和“phileo（喜欢）”。
原产于美国西部，簇生在森林向阳的地方。

制作方法 …… *p.66*

d. Blue daisy

蓝雏菊

花语：幸福

一年花开两次。
蓝色的花瓣和黄色的花蕊对比鲜明，惹人注目。

制作方法 …… *p.67*

a
b
c
d

Anemone

银莲花

花语：梦幻之恋

盛开在春天、色彩热烈的花朵。
在欧洲，银莲花自古以来象征着美丽和梦幻。

制作方法 ······ *p.52*

Papaver Rhœas. Common Red Poppy.
Class XIII. POLYANDRIA. Order MONOGYNIA.

Narcissus

水仙

花语：自恋

装饰冬季的庭院，耐寒性好。

拉丁名Narcissus（纳西塞斯），是希腊神话中美少年的名字。

制作方法 …… *p.73*

a. ## Craspedia

金槌花

花语：永恒的幸福

—

形状很像鼓槌，
因此又名鼓槌菊。
很适合做成一个小花束。

制作方法 *p.73*

b. ## Iberis

屈曲花

花语：甜蜜的诱惑

—

原产于欧洲，
花瓣多为白色，惹人怜爱。
花蕊用黄色线刺绣。

制作方法 *p.54*

a
b
c
d

c. ## Gazania

勋章菊

花语：荣耀

—

夜间闭合，白天在阳光的照耀下盛开。
围绕着花蕊的深棕色斑点，是用印台油上色的。

制作方法 *p.74*

d. ## Banksia rose

木香花

花语：朴素之美

—

原产于中国，花瓣色调柔和。
先制作一片片花瓣，再用线把它们收紧在一起。

制作方法 *p.74*

Camellia

椿花

花语：荣耀

——

原产于日本，被称为“神圣之花”。
在铁丝上缠上褐色布做成花枝。

制作方法 …… *p.61*

Allium

洋葱花

花语：深刻的悲伤

密密的小花聚集在一起，形成一大朵球状的花。
整体给人可爱的感觉，
经常被装饰在玄关处作为迎客花。

制作方法 …… *p.67*

a. Iris

鸢尾

花语：音讯

——

盛开在五月，带着古风，又很坚韧。
花瓣用白色和黄色印台油上色。

制作方法 …… *p.68*

b. Clematis

铁线莲

花语：心灵美

——

英国人的花园里颇为常见，
华丽、优美。
在英国，它被称作“藤本花卉女王”。

制作方法 …… *p.69*

c. Dahlia

大丽花

花语：华丽

——

原产于墨西哥，
江户时代（1603—1868），
荷兰人将其带至日本。
剪好一片片花瓣，用线缝在一起，
就成了一朵鲜艳、美丽的花。

制作方法 …… *p.61*

d. Scabiosa

紫盆花

花语：不幸之爱

——

又叫“松虫草”，是秋季的代表性植物，
自古以来常在日本俳句※中出现。
在铁丝上缠线做成花蕊，
粘贴在花瓣上即可。

制作方法 …… *p.69*

※俳句，是日本的一种古典短诗

d
b
c
a

Carnation

康乃馨

花语：无瑕的深爱

——

花瓣边缘就像荷叶边一样，非常可爱。
今年的母亲节，做一朵可以珍藏一生的布花吧。

制作方法 …… *p.62*

de
SALLERON
DÉPOSÉE
PARIS

Lily of the valley

铃兰

花语：纯洁

芳香四溢，和玫瑰、茉莉并为三大名花。
在法国，每年5月1日，有给亲友赠送铃兰的习俗，
收到铃兰的人会收获幸福。

制作方法 …… *p.56*

Calla lily

马蹄莲

花语：华丽之美

经常用于婚礼花艺。
用有弹性的布做，会更漂亮。

制作方法 …… *p.55*

Strawberry candle

绛三叶

花语：闪耀的爱

大量生在欧洲，是三叶草的近亲。
将剪成小片的布折好，一片片缝在底座上即可。

制作方法 …… *p.63*

Anthurium

火鹤花

花语：烦恼

—

心形的外形，
在夏威夷是代表情人节的花。
用锥子在佛焰苞上划出纹样。

制作方法 …… *p.63*

Rosebud

玫瑰花蕾

花语：少女时代

洁白的玫瑰花蕾象征少女时代，
用红色布做的话，则象征纯粹的爱情。
不同的颜色，花语也不一样。
制作一朵表达心意的相应颜色的玫瑰花蕾吧。

制作方法 …… *p.57*

Vánoční pozdrav!

Poinsettia

一品红

花语：祈求好运

这是在圣诞季装饰街道的冬季之花。
在铁丝上缠上红色和绿色刺绣线做成花序。

制作方法 …… *p.60*

a. Sakura

樱花

花语：心灵美

——

恰逢日本学校毕业典礼和入学仪式时期，
它是盛开在相遇和分别的季节的花朵。
也可以做一朵，
祝福友人开启新生活。

制作方法 …… *p.76*

b. Morning glory

牵牛花

花语：梦幻之恋

——

盛开在夏天的早晨，因此又叫“朝颜”。
在圆布中心缩缝后收紧，
就做成了花瓣。

制作方法 …… *p.76*

c. Tiger lily

卷丹

花语：愉快

——

外形很有视觉冲击力，
也叫“鬼百合”。
花瓣上的斑点，
是用印台油和油性笔描绘的。

制作方法 …… *p.77*

a
b
c
d
e
f

d. Primula

报春花

花语：青春之恋

——

大多盛开在寒冷地区的山地。
早春时节开放，生机盎然，
告诉人们春天即将到来，“Primula”一词，
有早春开花之意。

制作方法 …… *p.77*

e. Cosmos

大波斯菊

花语：少女的真心

——

这是原产于墨西哥至巴西的花，
现在各地都经常见到。
在薄薄的棉布上刺绣，
会有非常接近实物的感觉。

制作方法 …… *p.78*

f. Cattleya

卡特兰

花语：魅惑

——

这是格调很高的花，
被称作“洋兰中的女王”。
比起年轻的女子，
它更适合赠送给稍微年长的贵妇。

制作方法 …… *p.78*

Sweet pea

豌豆花

花语：出门

散发着甜甜的香味，
欧洲人经常用它装点卧室。
将藤蔓扭成弯弯曲曲的样子。

制作方法 …… *p.79*

布花的百变用途

做好的布花，有各种各样的用处。
可以做成小物，可以用作室内装饰，把我们的生活装点得五彩缤纷。

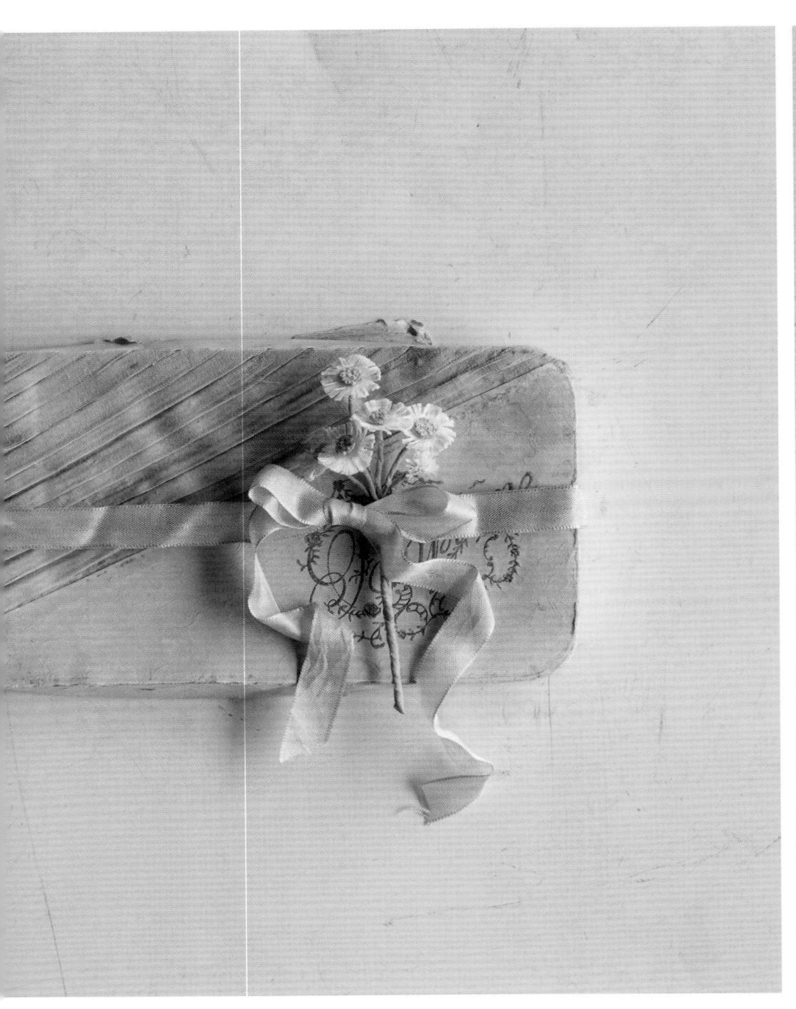

Present
礼品盒

在送给亲友礼物时，
用布花装饰礼品盒。

Accessory
小饰品

制作小巧的布花，
做成喜欢的耳饰。

Brooch

别针

—

将布花固定在别针上，
点缀帽子或包包等。

Wreath

花环

—

将喜欢的布花组合在一起，
做成美丽的花环，装饰房间。

制作方法

材料和工具

下面，让我们一起来做美美的布花吧。
从最经典的雏菊开始。准备好材料和工具，
让可爱的花朵常开不败吧。

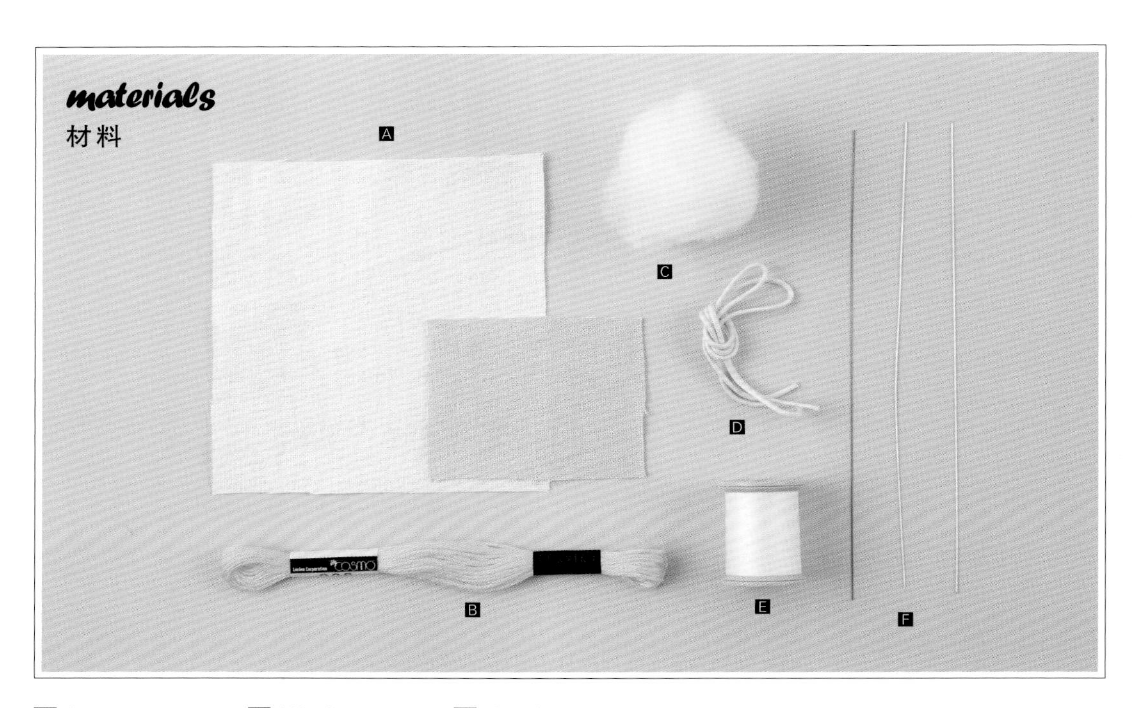

materials
材料
A
B
C
D
E
F
COSMO

A 布 / 花瓣和叶子用。 B 刺绣线/花蕊等用。 C 填充棉/底座、立体花蕊等用。
D 蜡线/主要用作花蕊的底座。 E 手缝线/用来缝布。 F 铁丝/用作茎。

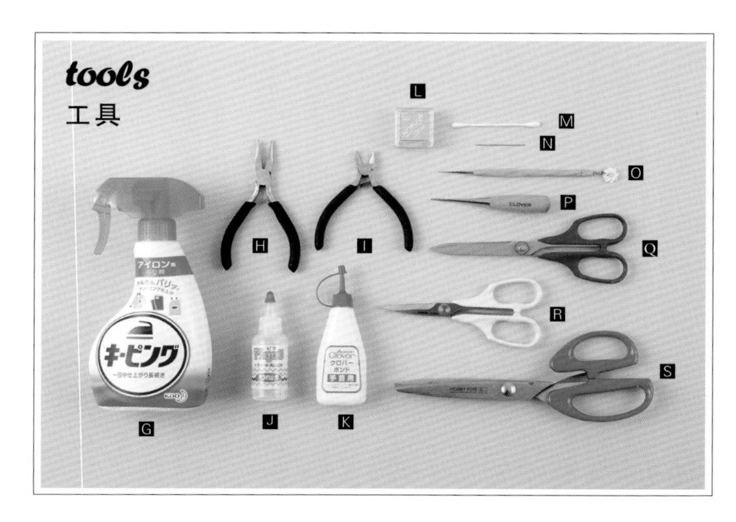

tools
工具
G
H
I
J
K
L
M
N
O
P
Q
R
S
キーピング
アイロン用

G 上浆柔顺喷雾（熨烫用）/
让面料更加平滑、柔顺，而且上浆后的面料不容易绽线、变形。
在描绘纸型图案之前，喷在布上，然后熨烫。
H 钢丝钳 / 弯折铁丝时使用。
I 斜嘴钳 / 剪断铁丝时使用。
J 防绽线液 / 防止布边绽线。
K 黏合剂 / 粘贴各个小部件时使用。
L 印台油 / 用来给花瓣上色。
M 棉签 / 蘸取印台油，涂色。
N 针 / 使用手缝针和刺绣针。
O 锥子（细）/ 把花瓣卷出弧度。
P 锥子（粗）/ 在花萼上打孔或塞填充棉时使用。
Q 布用剪刀 / 剪布用的剪刀。
R 弧线剪刀 / 刀刃是弧形的，适合剪弧线。
S 锯齿剪刀 / 刀刃是锯齿状的，适合剪树叶等。

基本制作方法

Marguerite
雏菊

p.14

材料

布……白色（棉布）25cm×5cm、
绿色（麻布）20cm×20cm、
黄色（棉布）5cm×5cm

线……黄色（25号刺绣线）

其他……铁丝（22号）、手缝线、填充棉

工具

布用剪刀
锯齿剪刀
黏合剂
手缝针、刺绣针
锥子（粗）
钢丝钳
斜嘴钳

步骤 01 转绘纸型 裁剪布料

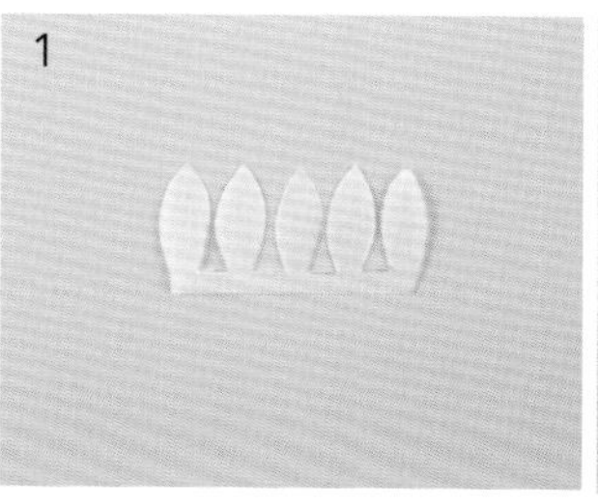

1 将纸型转绘在描图纸上，剪好。

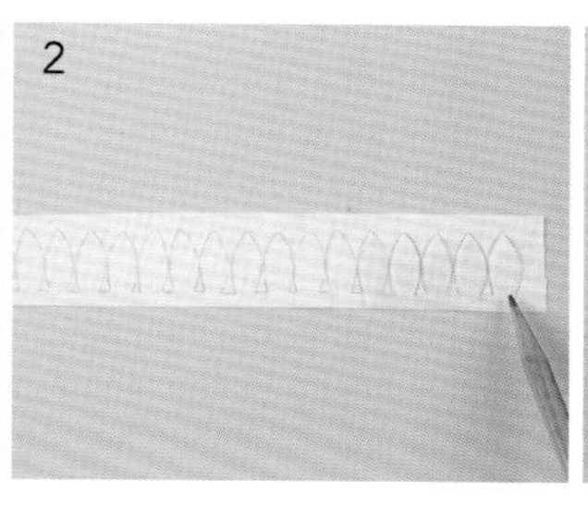

2 将剪好的描图纸放在布上，用铅笔沿着轮廓描绘。要连续描绘至21cm长。

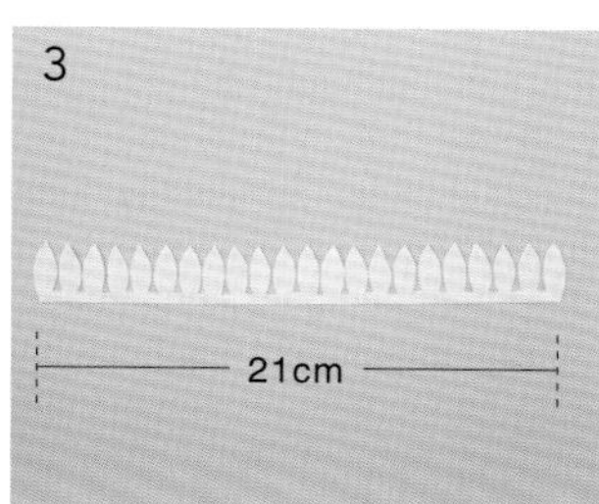
21cm

3 沿着轮廓线用布用剪刀裁剪。

步骤 02 制作花瓣

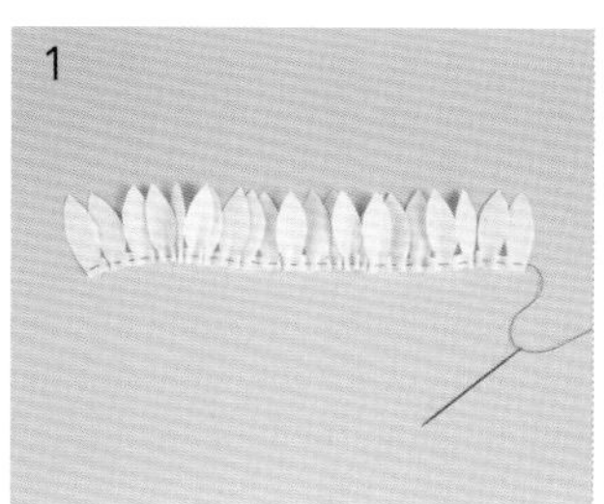

1 给手缝针穿上手缝线，沿着下沿用平针缝缝一条线。

2 将线抽紧，然后将针插入另一端。

3 打结。

实物同大纸型

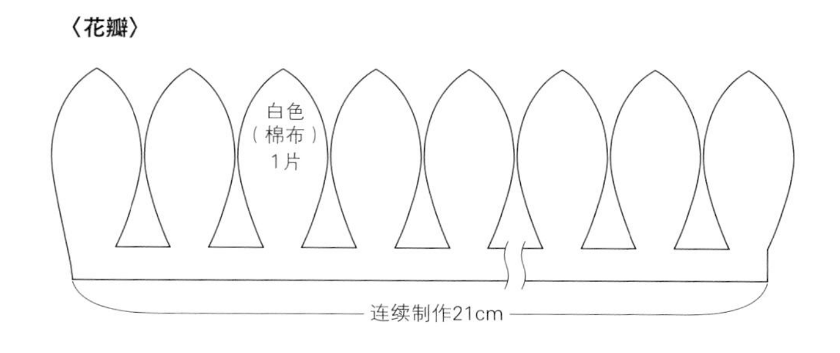
〈花瓣〉
白色（棉布）1片
连续制作21cm

步骤
03
制作茎

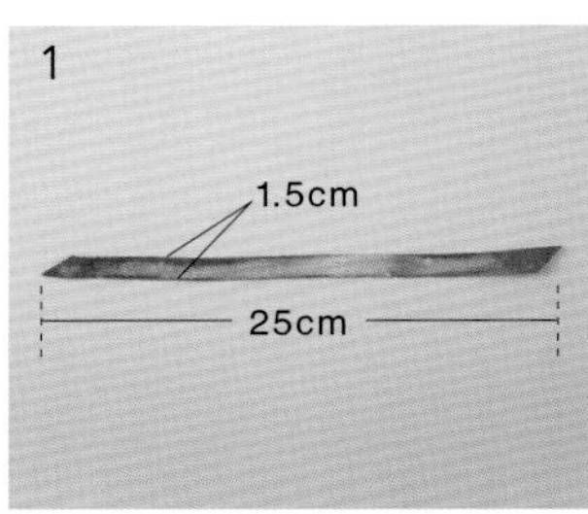
1
1.5cm
25cm
裁剪一个1.5cm×25cm的布条（参照p.49）。用手指蘸取黏合剂，涂上薄薄的一层。

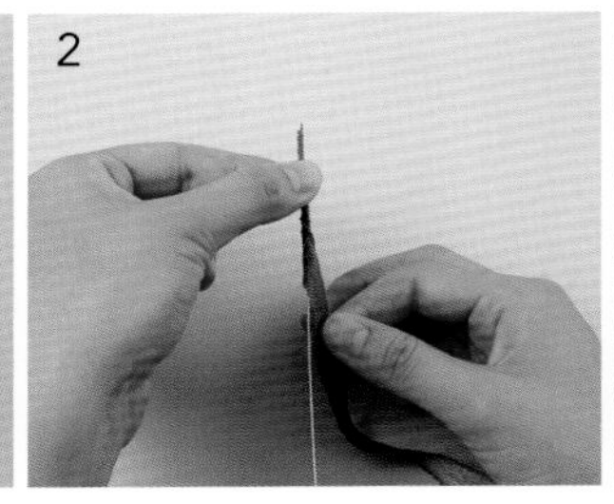
2
用斜嘴钳剪下18cm长的铁丝，缠上布条。

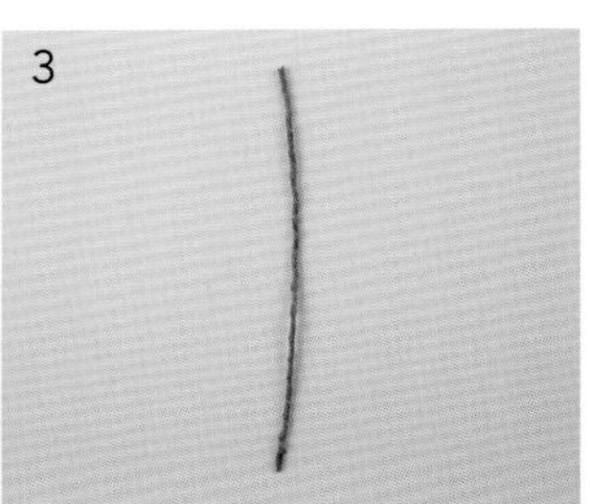
3
剪成喜欢的长度。

步骤
04
制作花萼

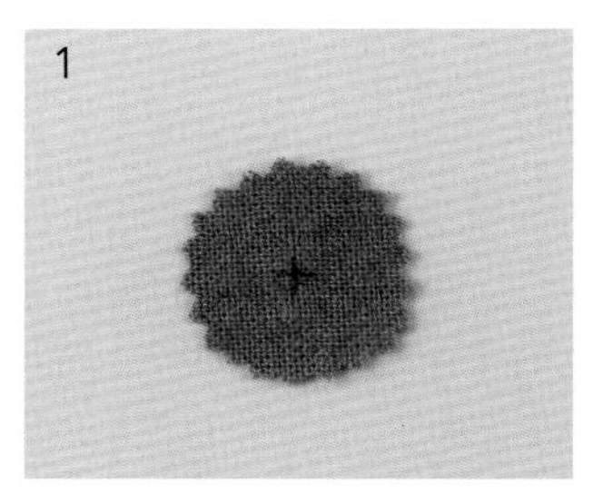
1
用锯齿剪刀沿着纸型裁剪。用铅笔在中心做个记号。

实物同大纸型

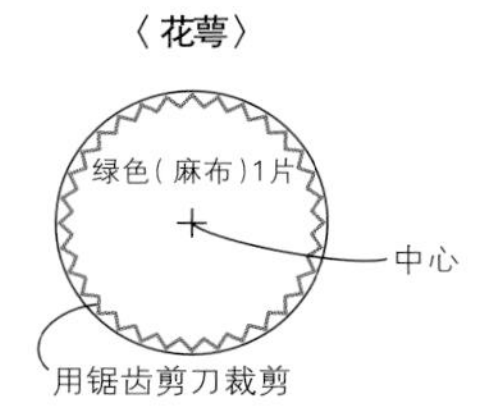
〈花萼〉
绿色（麻布）1片
中心
用锯齿剪刀裁剪

步骤
05
制作花蕊

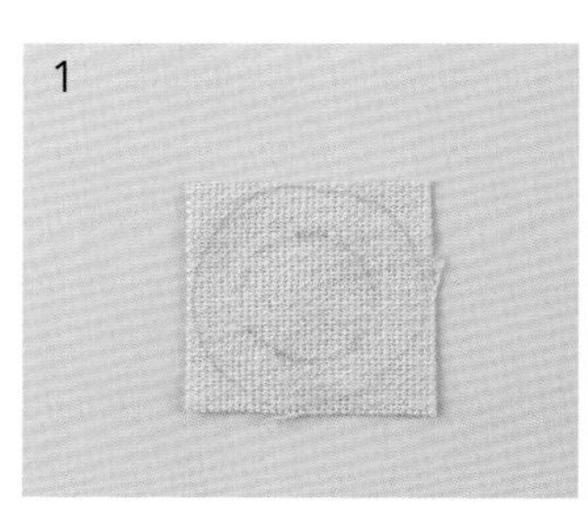
1
在布上描绘纸型外侧和内侧的线条。

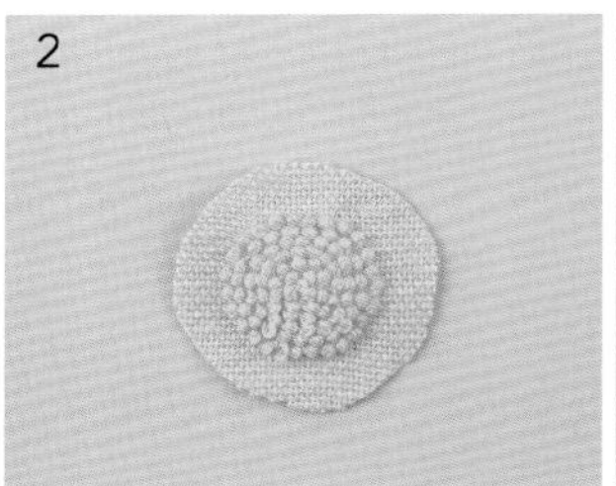
2
用刺绣线在内侧做法式结粒绣（参照p.48）。沿着外侧的线条裁剪。

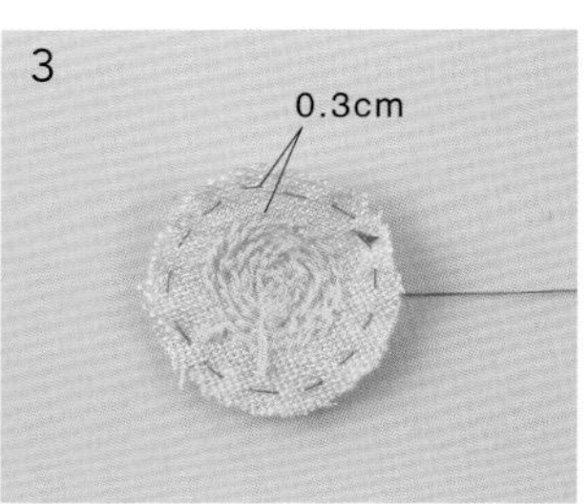
3
0.3cm
翻到反面，在刺绣外侧0.3cm的地方用平针缝缝一圈。此时，线头不用打结。

实物同大纸型

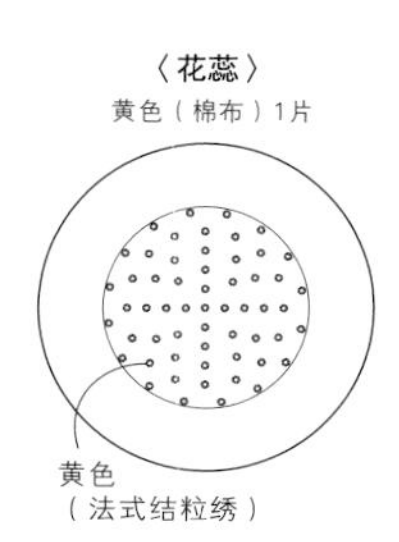
〈花蕊〉
黄色（棉布）1片
黄色
（法式结粒绣）

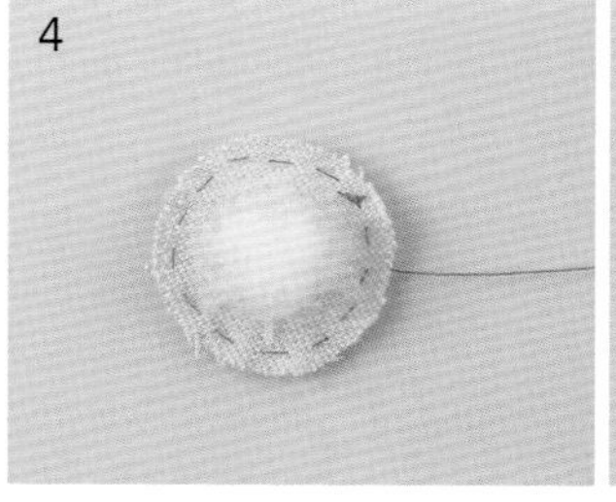
4
放上少量填充棉。如果注明“无棉”，就不要放了。

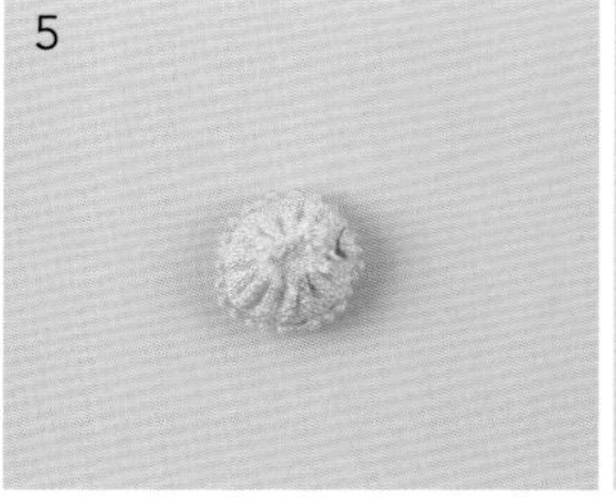
5
将平针缝的线抽紧，打结。

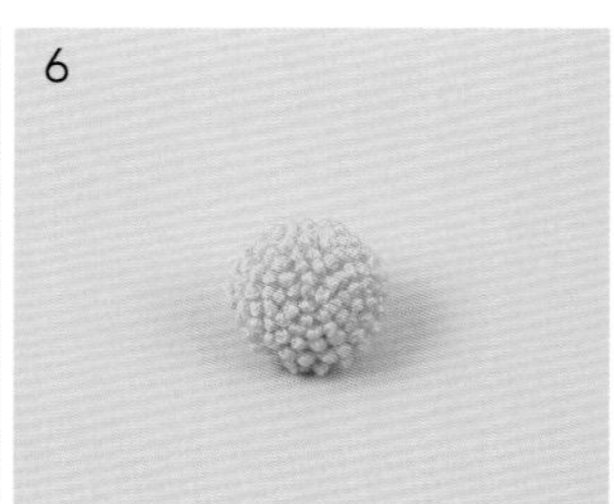
6
翻到正面。

步骤

06

组合各部件

1

将锥子穿过花萼中心的记号，打孔。

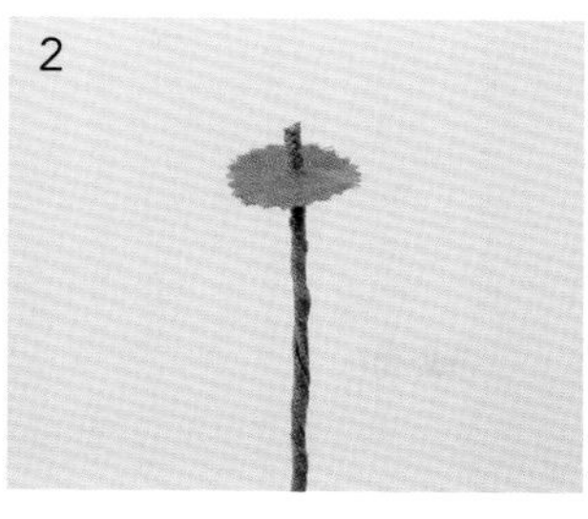
2

将茎穿入孔。

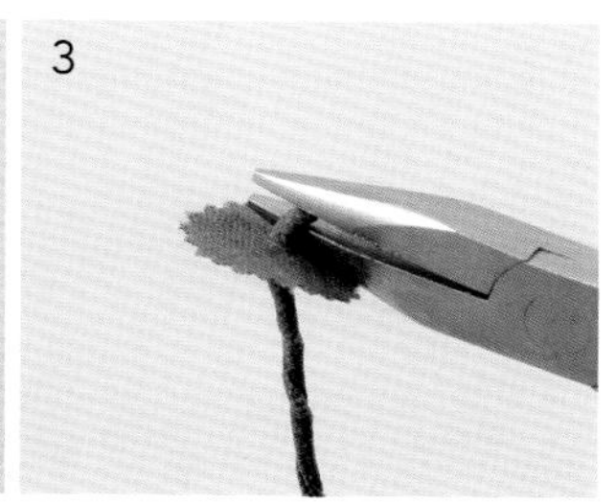
3

用钢丝钳将茎的顶端弯折。

4

用黏合剂将弯折后的茎端和花萼粘贴在一起。

5

在花萼上涂上黏合剂，和花瓣粘贴在一起。

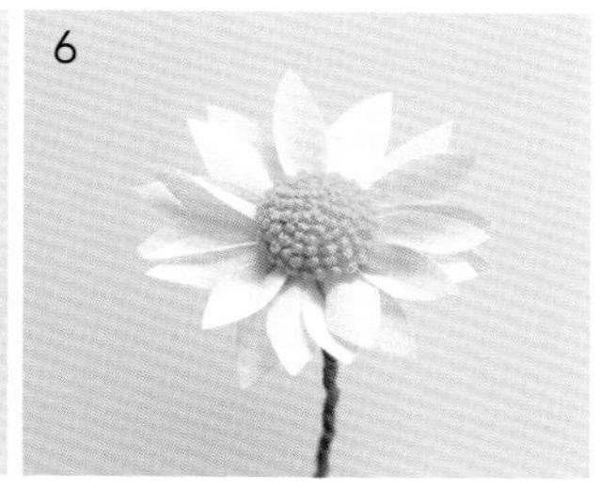
6

在花蕊上涂上黏合剂，粘贴在花朵中心。

其他小技巧

其他小技巧

01

花瓣塑形

A. 花瓣底部缩缝

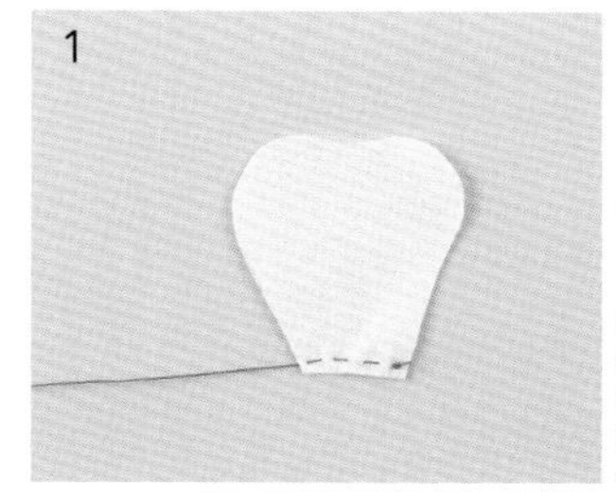
1

在花瓣底部做平针缝。

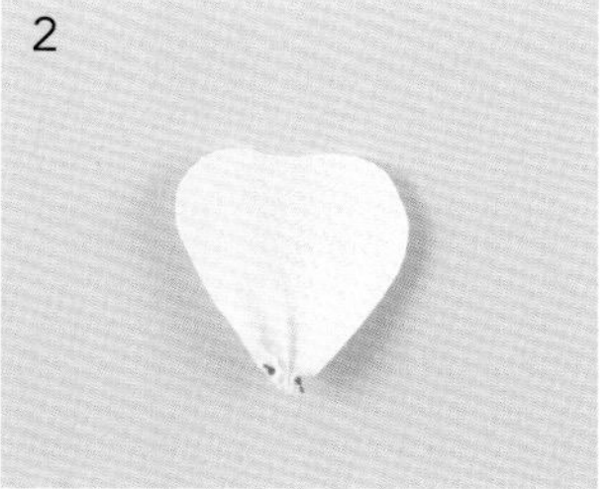
2

将线拉紧，打结。

B. 将花瓣边缘卷一下

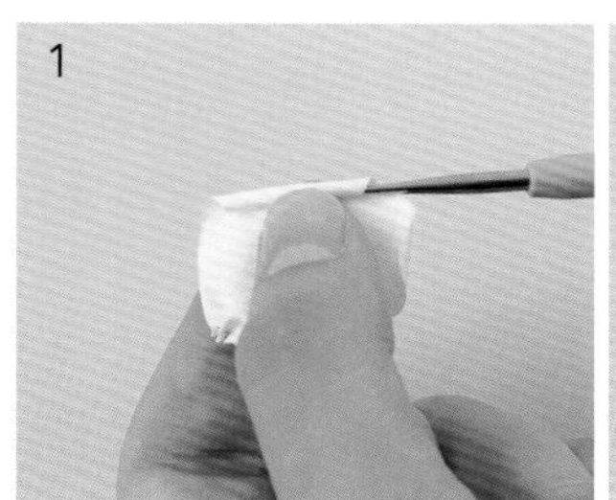
1

用锥子（细）将需要卷的地方卷一下。

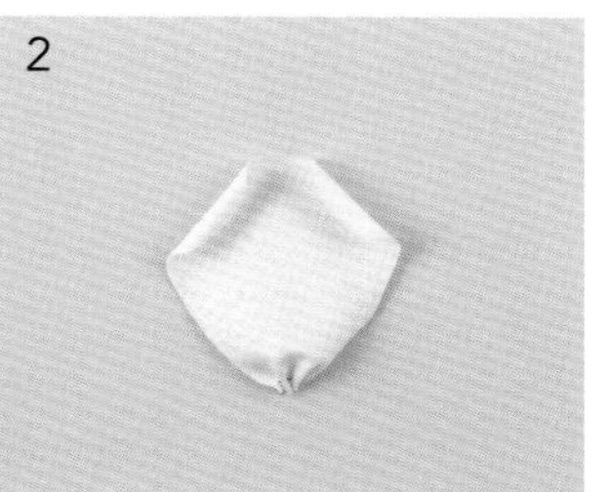
2

另一侧也卷一下。花瓣会随着时间推移一点点舒展，所以要卷得翘一些。

C. 给花瓣上色

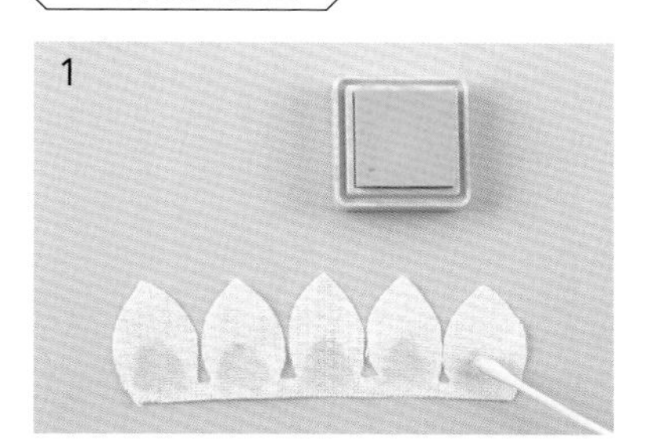
1

用棉签蘸取印台油，涂在花瓣上。

其他小技巧

02

制作花瓣

A. 一片一片地粘贴

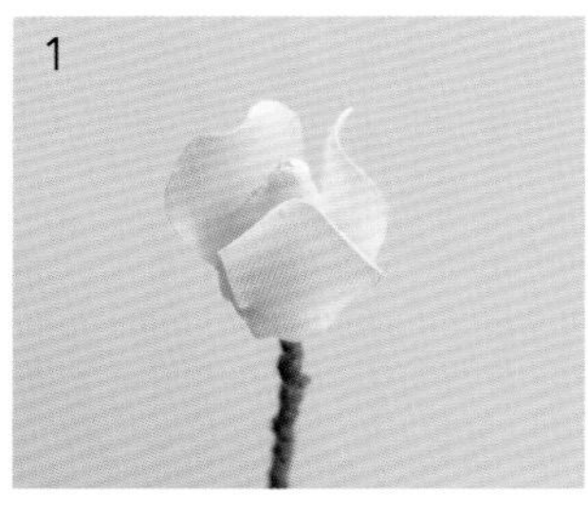

1 在花瓣底部涂上黏合剂，如图所示包住花蕊粘贴3片花瓣。

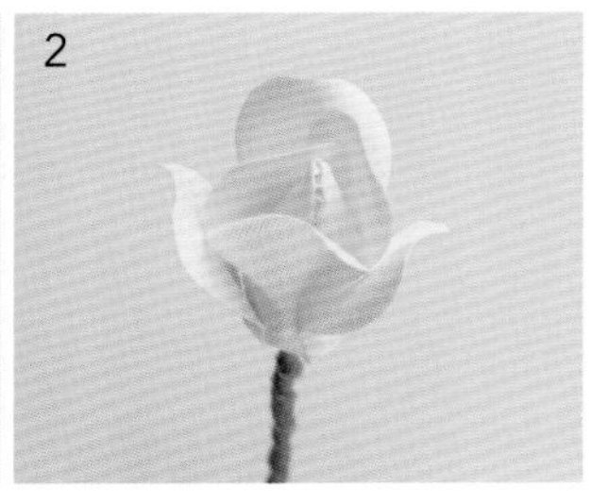

2 第2层和第1层花瓣错开着粘贴。

3 继续粘贴第3层、第4层，每次粘贴3片花瓣。

B. 将线抽紧，使花瓣聚拢

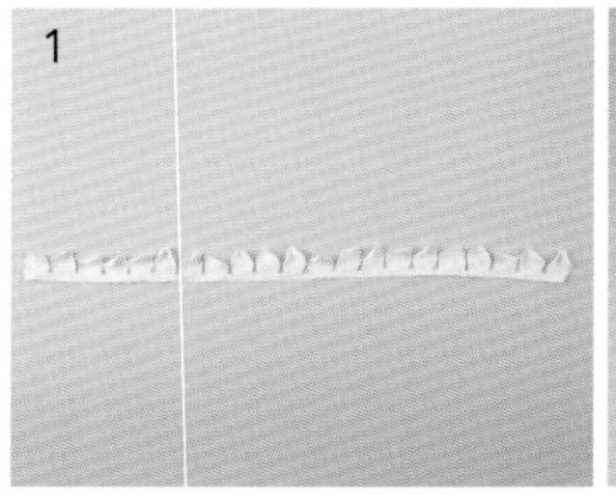

1 转绘纸型，裁剪好布。

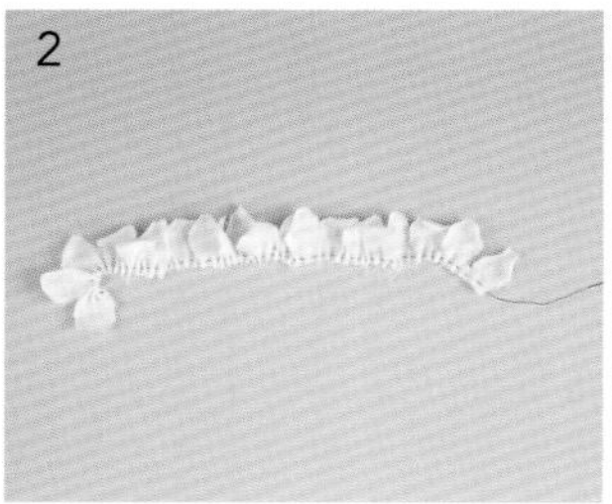

2 下边用平针缝缝一条线。

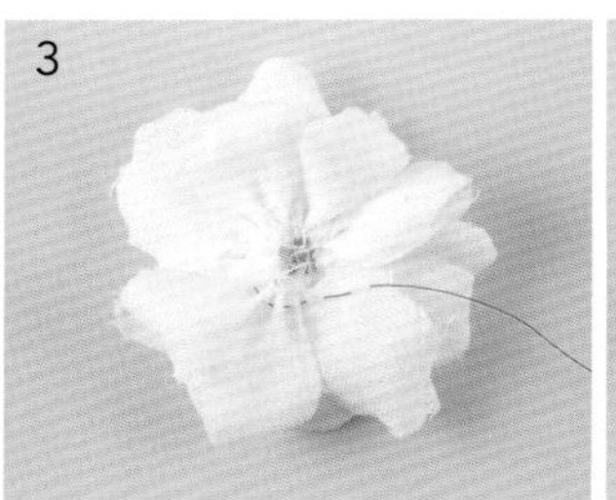

3 将线抽紧，花瓣会呈现出层层叠叠的效果。

4 在中心缝几针，打结。

C. 缠在茎上

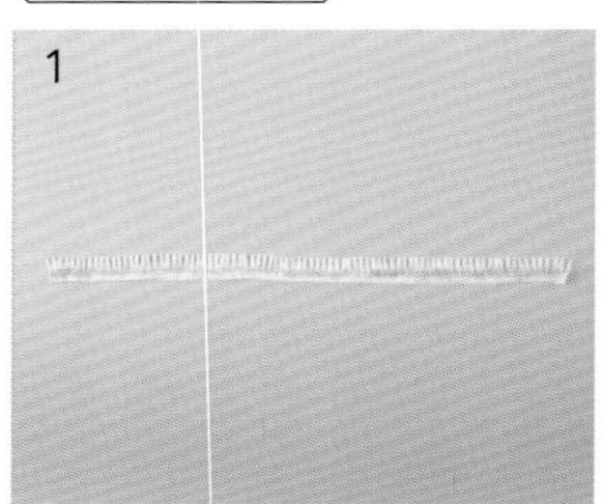

1 转绘纸型，裁剪好布。

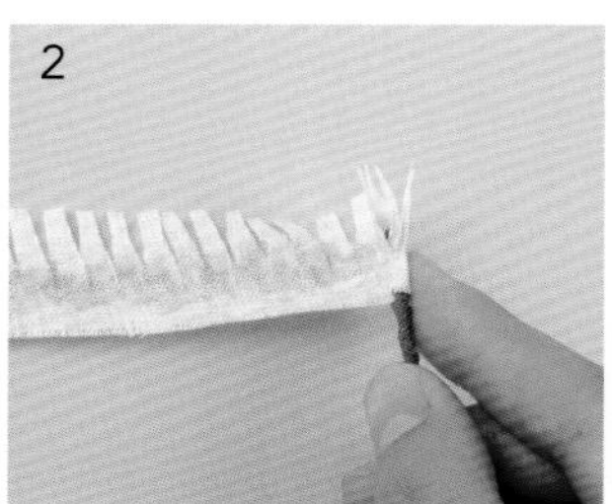

2 在花瓣下端涂抹黏合剂，直接缠绕在茎上。

3 缠好了。

其他小技巧

03

制作叶子

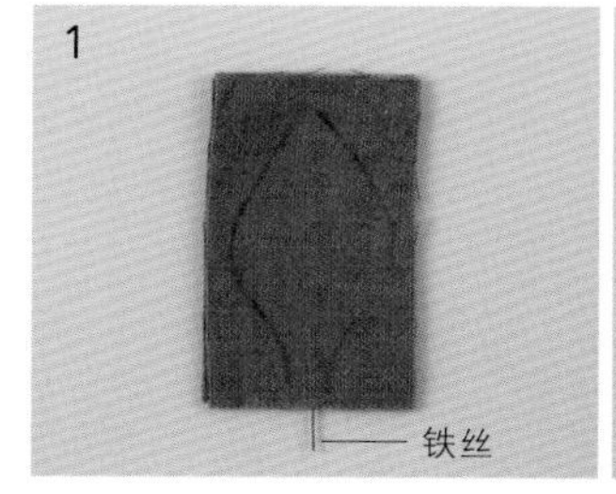
铁丝

1 准备2片布，在其中一片上转绘纸型。将铁丝夹在正中间，用黏合剂将2片布粘贴在一起。

2 用剪刀沿着纸型粗裁。用斜嘴钳将多出来的铁丝剪断。在下端涂上黏合剂，粘贴上茎。

3 用锯齿剪刀沿着轮廓剪好，就成了一片边缘呈锯齿状的叶子。

其他小技巧

04

制作花蕊

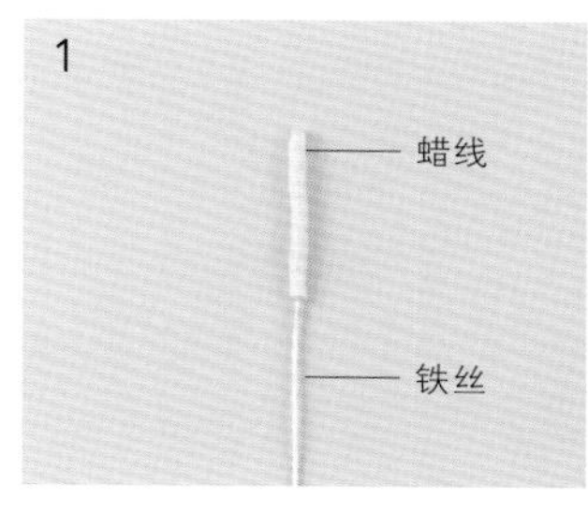
1
蜡线
铁丝

将铁丝穿入剪成指定长度的蜡线中。

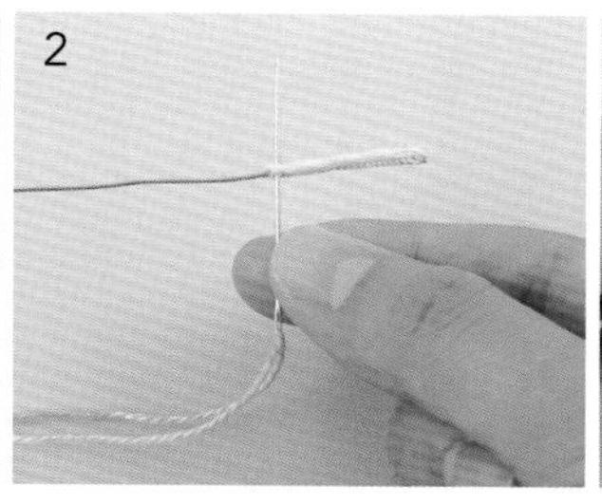
2

给刺绣针穿上刺绣线，刺入蜡线。

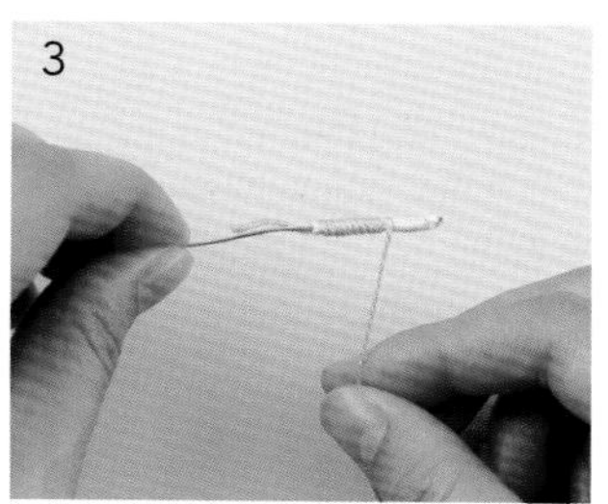
3

用刺绣线缠绕蜡线。

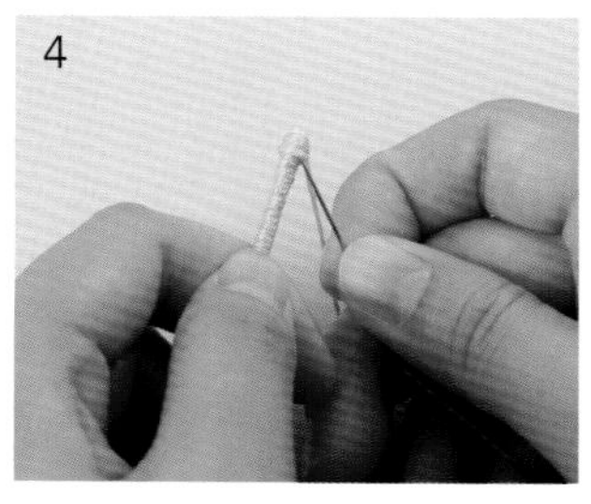
4

端头稍微缠粗一点。最后，将刺绣针从下向上穿入粗的地方。

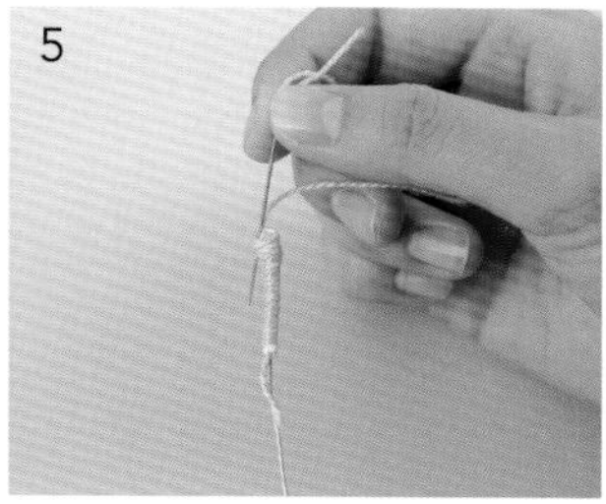
5

从上向下，再次穿入刺绣针固定。

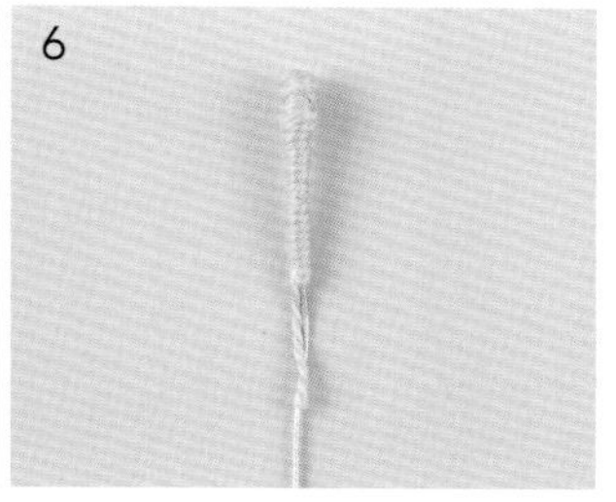
6

剪断刺绣线。

其他小技巧

05

制作底座

1
0.5cm

按照纸型裁剪布，在边缘向内0.5cm的地方用平针缝缝一圈。此时，线头不打结。

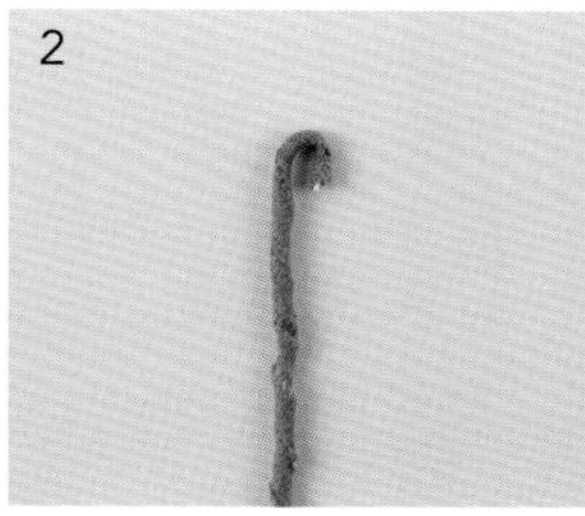
2

做茎，将端头弯一下。

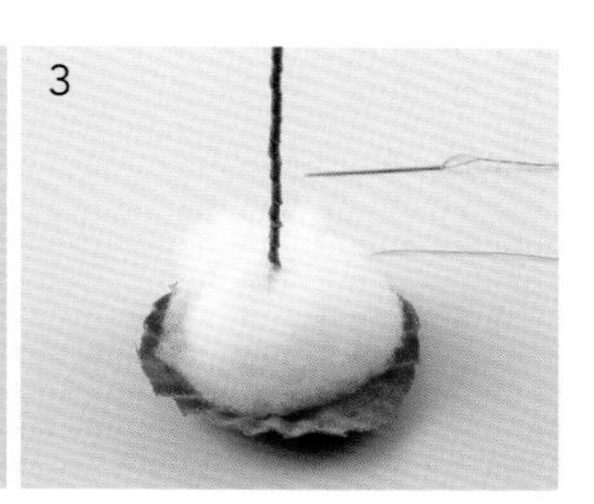
3

将填充棉放在布上，将茎弯曲的一端扎在填充棉里。

4

拉紧线，将填充棉收进去。

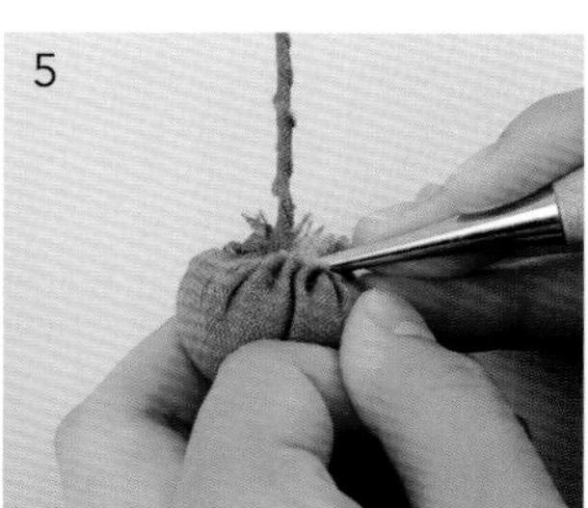
5

用锥子将布边向里压。

6

在收缩口缝几针，打结。

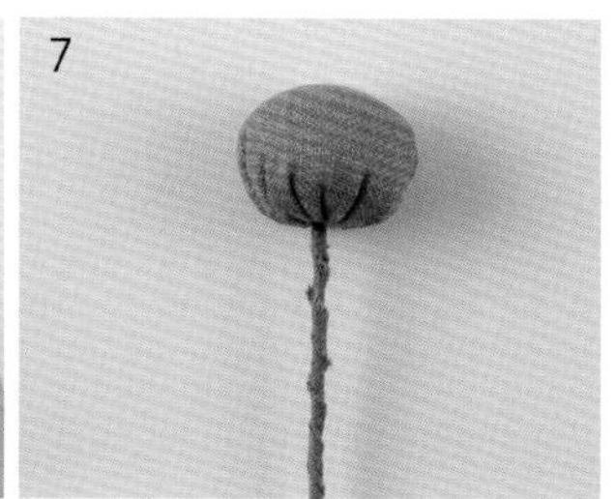
7

完成。

其他小技巧

06

刺绣

A. 直线绣

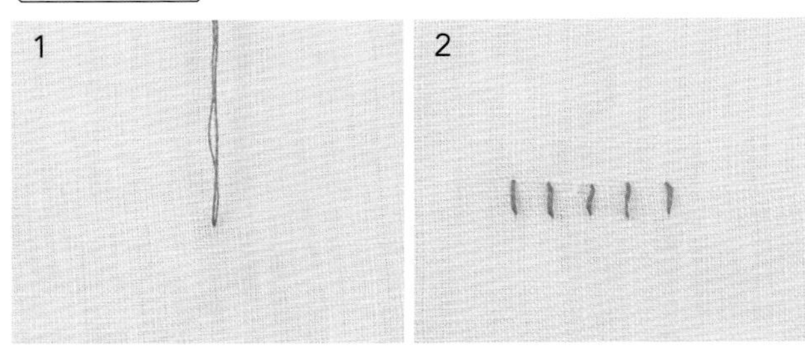

1 取2根刺绣线，穿入刺绣针，从反面出针。

2 呈直线入针刺绣。重复刺绣。

B. 法式结粒绣（绕3圈）

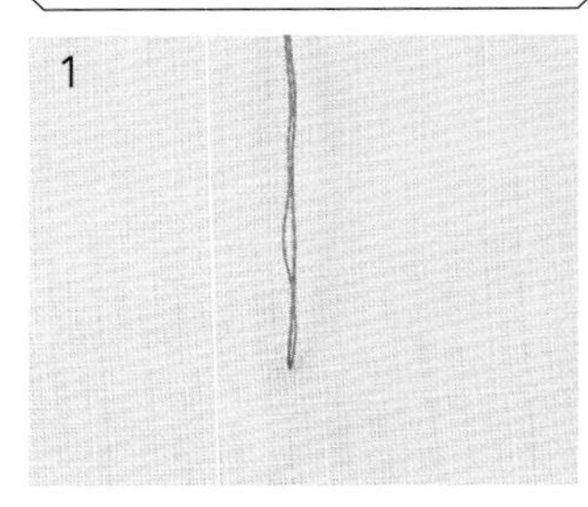

1 取2根刺绣线，穿入刺绣针，从反面出针。

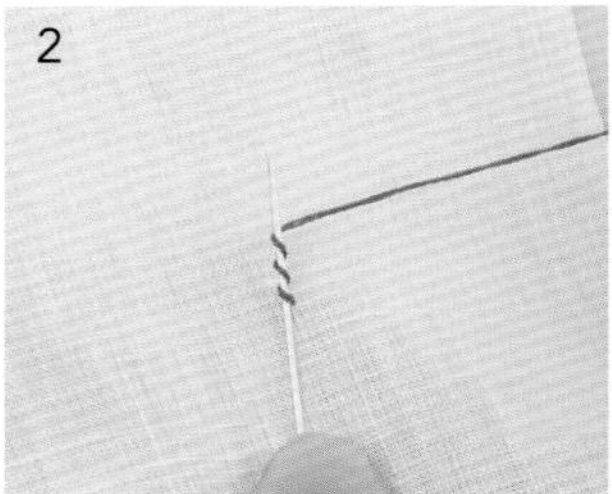

2 将刺绣线在针尖上绕3圈。

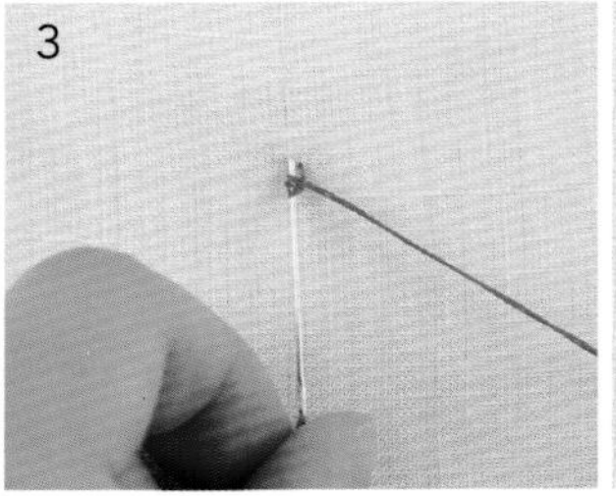

3 将线拉紧，然后将针插入挨着步骤1出针处的地方。

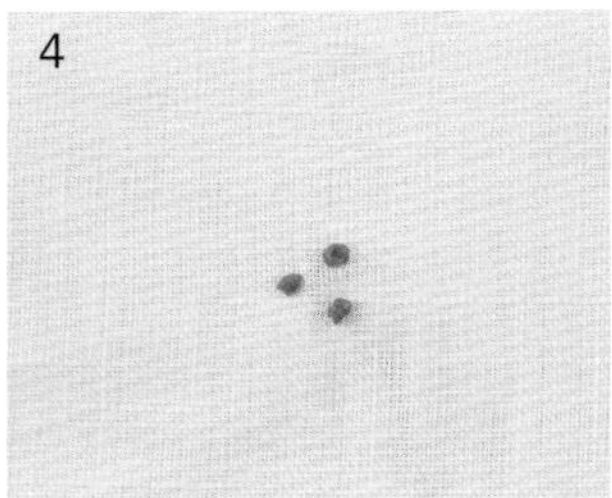

4 重复上述步骤。

C. 士麦那绣

1 取2根刺绣线穿在刺绣针上，将针插入底座。

2 再次将针插入挨着出针处的地方。

3 不要将线拉紧，拉成线圈状。

4 重复步骤1~3，如此绣出一堆线圈。

5 用剪刀把线圈剪开。

6 修剪成优美的形状。

作品的制作方法

●布的裁剪方法

根据实物同大纸型上布条的标记，裁剪斜纹布条。

※ 如果没有标记，可以随意裁剪布条

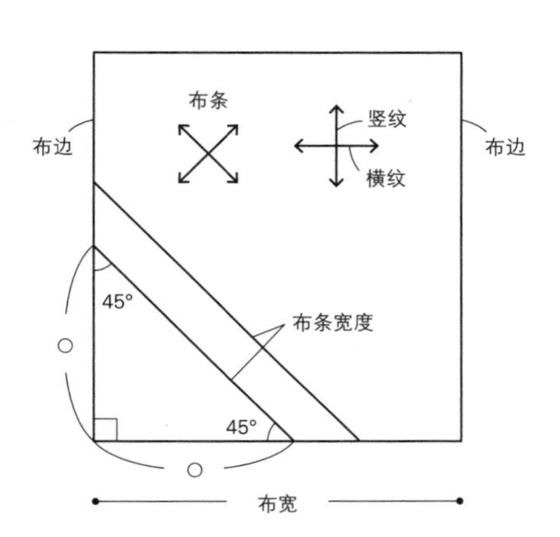

布条
竖纹
横纹
布边
布边
45°
布条宽度
45°
布宽

竖纹：面料纵线的方向

横纹：面料横线的方向

斜纹：和面料的竖纹呈45°角，最不容易绽线、拉伸

Clover

三叶草

p.11

材料
布……白色（麻布）45cm×5cm、
　　绿色（棉布）25cm×25cm
线……白色（25号刺绣线）
其他……铁丝（22号）、手缝线

工具
布用剪刀
黏合剂
手缝针、刺绣针
锥子（粗）
钢丝钳
斜嘴钳
印台油（绿色、褐色）、棉签

制作方法

1 转绘纸型，裁剪布料　※ 参照 p.43-01
2 制作茎　※ 参照 p.44-03
3 制作花萼　※ 参照 p.44-04
4 制作花瓣
5 制作叶子
6 组合各部件

组合方法

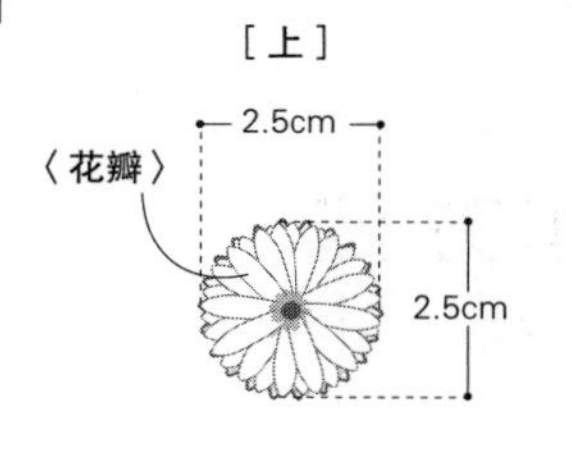

[上]
〈花瓣〉
2.5cm
2.5cm

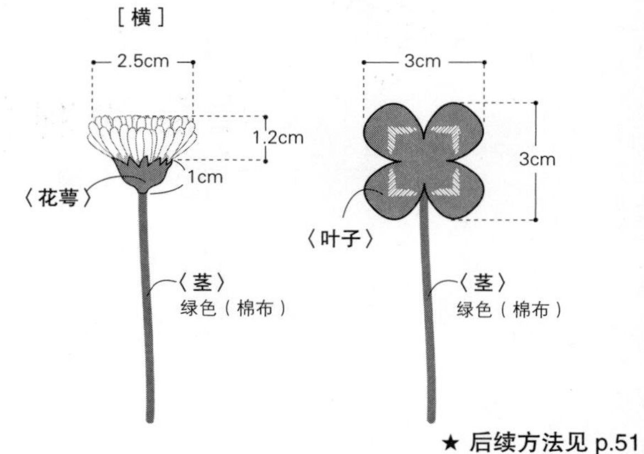

[横]
2.5cm
1.2cm
1cm
〈花萼〉
〈茎〉
绿色（棉布）
3cm
3cm
〈叶子〉
〈茎〉
绿色（棉布）

★ 后续方法见 p.51

部件

〈花瓣〉

❶ 将布裁剪成2cm×40cm

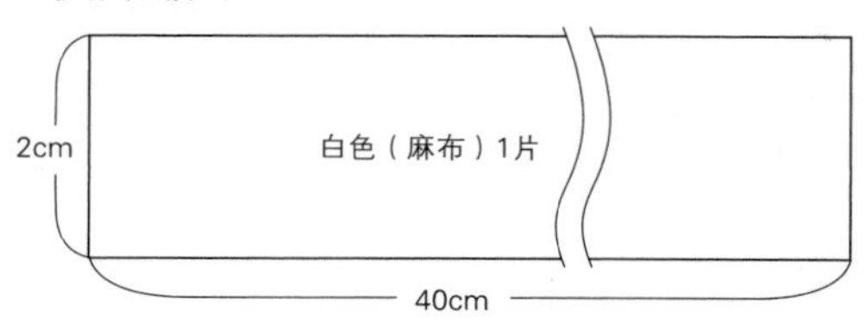

2cm
白色（麻布）1片
40cm

❷ 剪出剪口

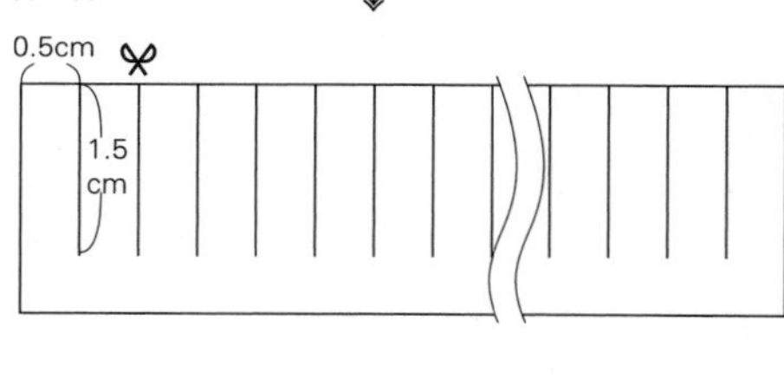

0.5cm
1.5
cm

❸ 将角部剪得平滑一些

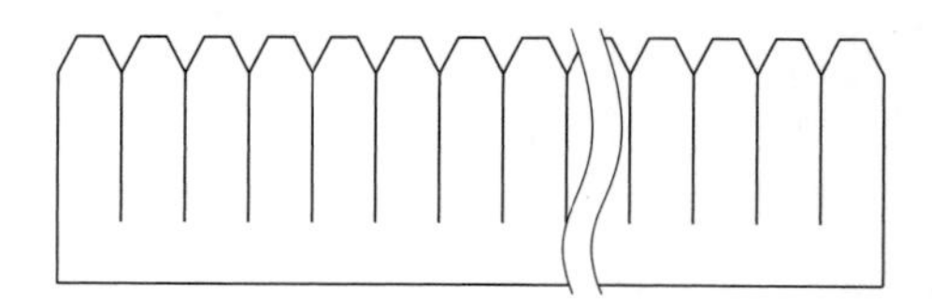

❹ 按照①、②的顺序给花瓣上色　※参照p.45-01C
（②只涂15cm）

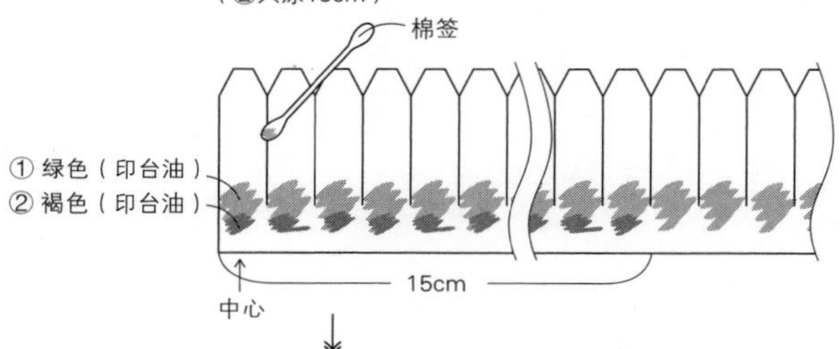

棉签
① 绿色（印台油）
② 褐色（印台油）
15cm
中心

❺ 缠在茎上　※参照p.46-02C

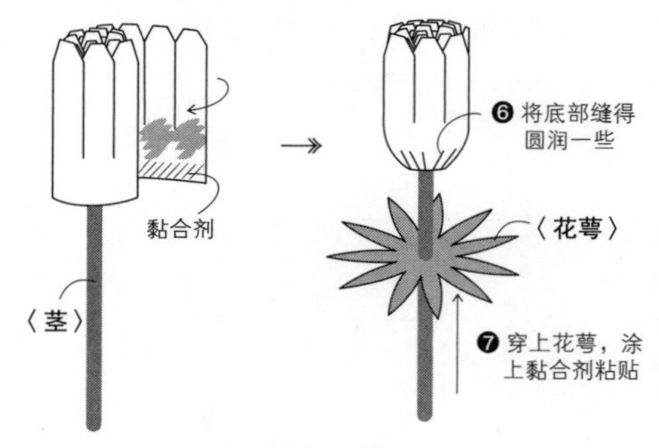

黏合剂
〈茎〉
❻ 将底部缝得圆润一些
〈花萼〉
❼ 穿上花萼，涂上黏合剂粘贴

实物同大纸型

〈花萼〉绿色（棉布）1片

Peony

牡丹

p.13

材料

布……白色（麻布）45cm×5cm、

黄色（棉布）5cm×5cm、

绿色（棉布）20cm×20cm

线……黄色（25 号刺绣线）

其他……铁丝（22 号）、手缝线

工具

布用剪刀

黏合剂

手缝针、刺绣针

锥子（粗）

锥子（细）

钢丝钳

斜嘴钳

制作方法

1 转绘纸型，裁剪布料 ※参照 p.43-01

2 制作花瓣 ※参照 p.43-02

3 制作茎 ※参照 p.44-03

4 制作花萼 ※参照 p.44-04

5 制作花蕊（无棉） ※参照 p.44-05

6 制作叶子 ※参照 p.46-03

7 组合各部件 ※参照 p.45-06

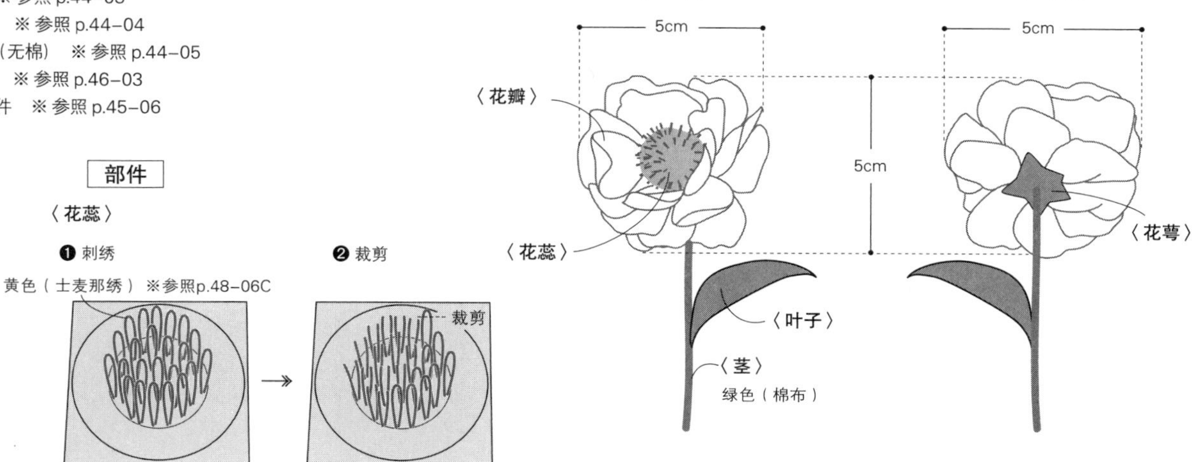

部件
〈花蕊〉
❶ 刺绣
黄色（土麦那绣）※参照p.48-06C
❷ 裁剪
裁剪
组合方法
［前面］
［后面］
5cm
5cm
5cm
〈花瓣〉
〈花蕊〉
〈花萼〉
〈叶子〉
〈茎〉
绿色（棉布）

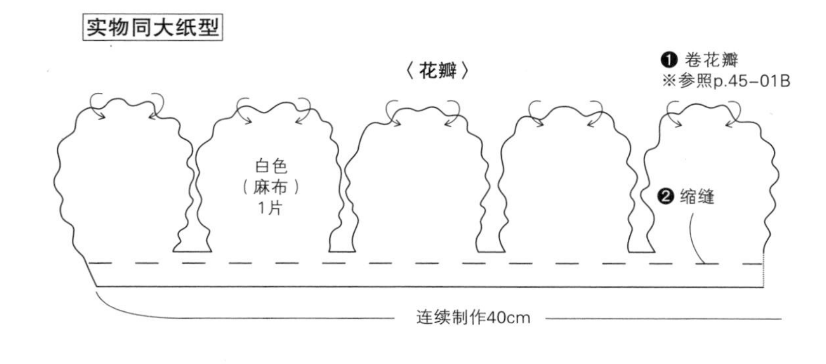

实物同大纸型
〈花瓣〉
❶ 卷花瓣
※参照p.45-01B
白色
（麻布）
1片
❷ 缩缝
连续制作40cm

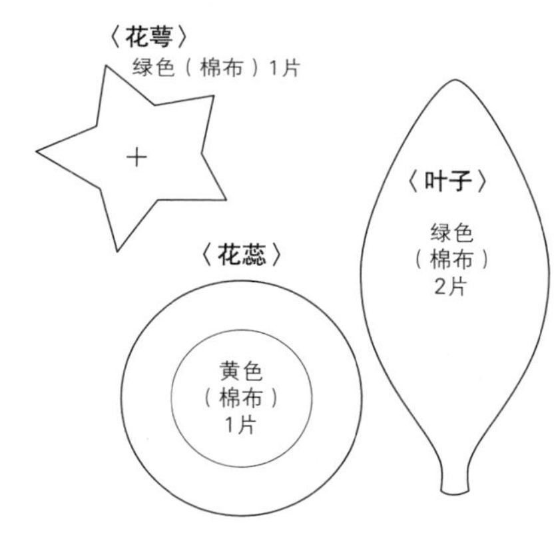

〈花萼〉
绿色（棉布）1片
〈叶子〉
绿色
（棉布）
2片
〈花蕊〉
黄色
（棉布）
1片

★ 接 p.50

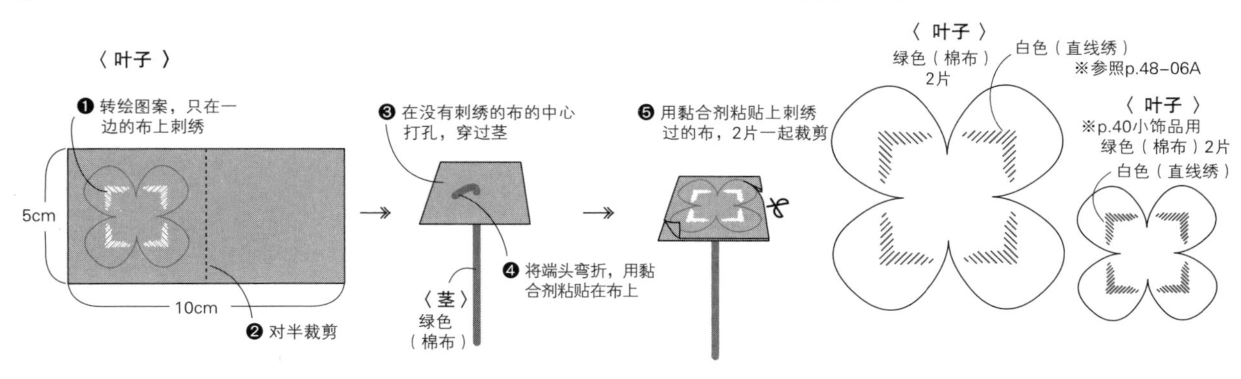

部件
〈叶子〉
❶ 转绘图案，只在一边的布上刺绣
5cm
10cm
❷ 对半裁剪
❸ 在没有刺绣的布的中心打孔，穿过茎
❹ 将端头弯折，用黏合剂粘贴在布上
〈茎〉
绿色
（棉布）
❺ 用黏合剂粘贴上刺绣过的布，2片一起裁剪
实物同大纸型
〈叶子〉
绿色（棉布）
2片
白色（直线绣）
※参照p.48-06A
〈叶子〉
※p.40小饰品用
绿色（棉布）2片
白色（直线绣）

Plumeria

鸡蛋花

p.15

材料

布……白色（麻布）15cm×5cm、
褐色（棉布）20cm×20cm

其他……铁丝（22号）、手缝线

工具

布用剪刀
黏合剂
手缝针
锥子（粗）
钢丝钳
斜嘴钳
印台油（黄色）、棉签

制作方法

1 转绘纸型，裁剪布料 ※参照 p.43-01
2 制作花瓣 ※参照 p.43-02
3 制作茎 ※参照 p.44-03
4 制作花萼 ※参照 p.44-04
5 组合各部件 ※参照 p.45-06

组合方法

［前面］ 5.5cm 5.2cm 〈花瓣〉 〈茎〉 褐色（棉布）

［后面］ 5.5cm 〈花萼〉

实物同大纸型

〈花瓣〉

❶ 用印台油（黄色）上色 ※参照p.45-01C

白色（麻布）1片

❷ 缩缝

〈花萼〉

褐色（棉布）1片

Anemone

银莲花

p.25

材料

布……红色（棉布）20cm×20cm、
深灰色（棉布）5cm×5cm
绿色（棉布）20cm×20cm

线……白色、灰色（25号刺绣线）

其他……铁丝（22号）、手缝线

工具

布用剪刀
黏合剂
手缝针、刺绣针
锥子（粗）
钢丝钳
斜嘴钳

制作方法

1 转绘纸型，裁剪布料 ※参照 p.43-01
2 制作花瓣 ※参照 p.43-02
3 制作茎 ※参照 p.44-03
4 制作花萼 ※参照 p.44-04
5 制作花蕊（无棉） ※参照 p.44-05
6 组合各部件 ※参照 p.45-06

组合方法

［前面］ 4.5cm 1.5cm 4.5cm 〈花蕊〉 〈花瓣〉 〈茎〉 绿色（棉布）

［后面］ 4.5cm 〈花萼〉

实物同大纸型

〈花蕊〉 深灰色（棉布）1片

白色（法式结粒绣）

灰色（法式结粒绣）

※参照p.48-06B

★〈花瓣〉〈花萼〉的实物同大纸型见 p.54

Strawberry

草莓

p.20

材料

布……白色（棉布）15cm×5cm、
黄色（棉布）5cm×5cm、
红色（棉布）10cm×10cm、
绿色（棉布）25cm×25cm

线……土黄色（25号刺绣线）

其他……铁丝（22号、26号）、手缝线、填充棉

工具

布用剪刀、锯齿剪刀
黏合剂
手缝针、刺绣针
锥子（粗）
钢丝钳
斜嘴钳
印台油（绿色）、棉签

制作方法

1 转绘纸型，裁剪布料 ※ 参照 p.43-01
2 制作花瓣 ※ 参照 p.43-02
3 制作茎 ※ 参照 p.44-03
4 制作花萼 ※ 参照 p.44-04
5 制作花蕊 ※ 参照 p.44-05
6 组合各部件 ※ 参照 p.45-06
7 制作叶子
8 制作草莓

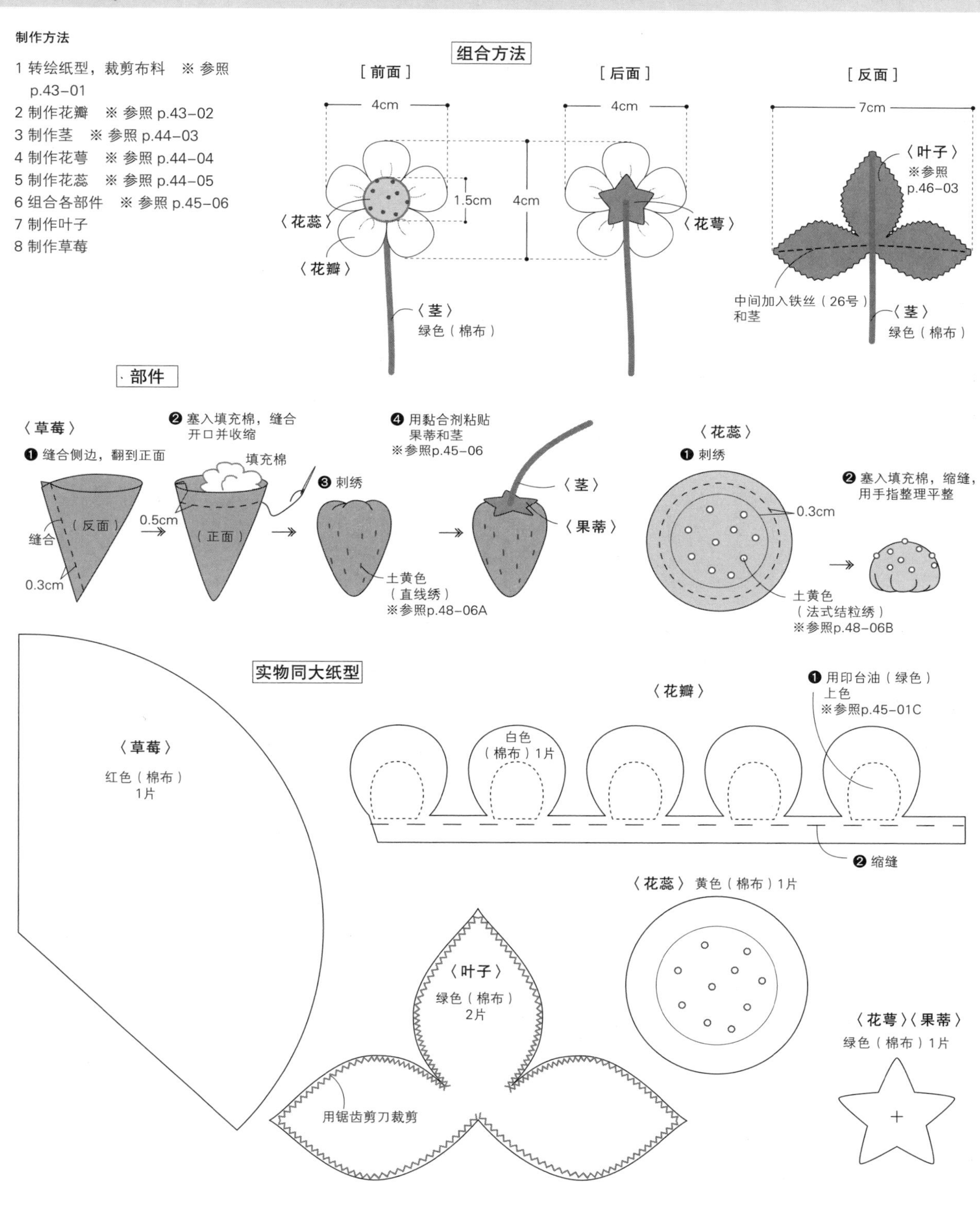

组合方法
[前面]
4cm
1.5cm
4cm
〈花蕊〉
〈花瓣〉
〈茎〉
绿色（棉布）
[后面]
4cm
〈花萼〉
[反面]
7cm
〈叶子〉
※参照
p.46-03
中间加入铁丝（26号）
和茎
〈茎〉
绿色（棉布）
部件
〈草莓〉
❶ 缝合侧边，翻到正面
缝合
（反面）
0.3cm
0.5cm
❷ 塞入填充棉，缝合
开口并收缩
填充棉
（正面）
❸ 刺绣
土黄色
（直线绣）
※参照p.48-06A
❹ 用黏合剂粘贴
果蒂和茎
※参照p.45-06
〈茎〉
〈果蒂〉
〈花蕊〉
❶ 刺绣
0.3cm
土黄色
（法式结粒绣）
※参照p.48-06B
❷ 塞入填充棉，缩缝，
用手指整理平整
实物同大纸型
〈草莓〉
红色（棉布）
1片
〈花瓣〉
白色
（棉布）1片
❶ 用印台油（绿色）
上色
※参照p.45-01C
❷ 缩缝
〈花蕊〉 黄色（棉布）1片
〈叶子〉
绿色（棉布）
2片
用锯齿剪刀裁剪
〈花萼〉〈果蒂〉
绿色（棉布）1片

Iberis

屈曲花

P.27

材料

布……白色（棉布）10cm×10cm、
黄绿色（棉布）10cm×10cm、
绿色（棉布）20cm×20cm

线……黄色（25号刺绣线）

其他……铁丝（22号）、手缝线、厚纸、填充棉

工具

布用剪刀、锯齿剪刀
黏合剂
手缝针、刺绣针
锥子（粗）
锥子（细）
钢丝钳
斜嘴钳

制作方法

1 转绘纸型，裁剪好除花蕊以外的布、厚纸　※参照 p.43-01
2 制作花
3 制作茎　※参照 p.44-03
4 制作花萼　※参照 p.44-04
5 制作底座
6 组合各部件　※参照 p.45-06

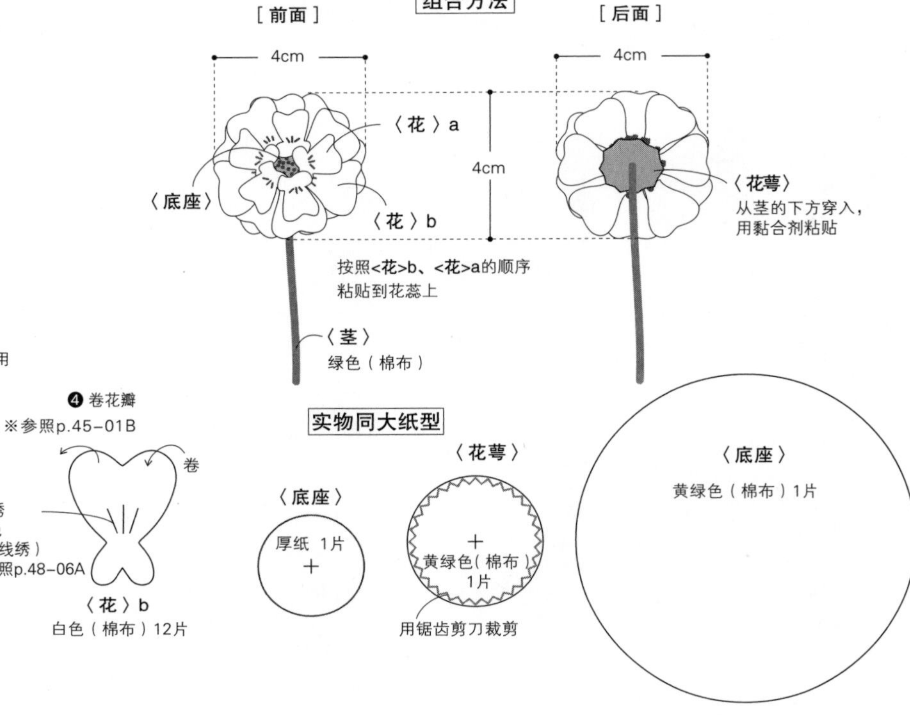

组合方法
[前面]
[后面]
4cm
4cm
4cm
〈花〉a
〈花〉b
〈底座〉
〈花萼〉
从茎的下方穿入，
用黏合剂粘贴
按照<花>b、<花>a的顺序
粘贴到花蕊上
〈茎〉
绿色（棉布）
部件
〈花〉※ 请作为实物同大纸型使用
❶ 将图案转绘到布上
❸ 裁剪布料
卷
❹ 卷花瓣
※参照p.45-01B
卷
❷ 刺绣
黄色
（直线绣）
※参照p.48-06A
〈花〉a
白色（棉布）5片
〈花〉b
白色（棉布）12片
※先刺绣再裁剪布料
实物同大纸型
〈底座〉
厚纸 1片
〈花萼〉
黄绿色（棉布）
1片
用锯齿剪刀裁剪
〈底座〉
黄绿色（棉布）1片

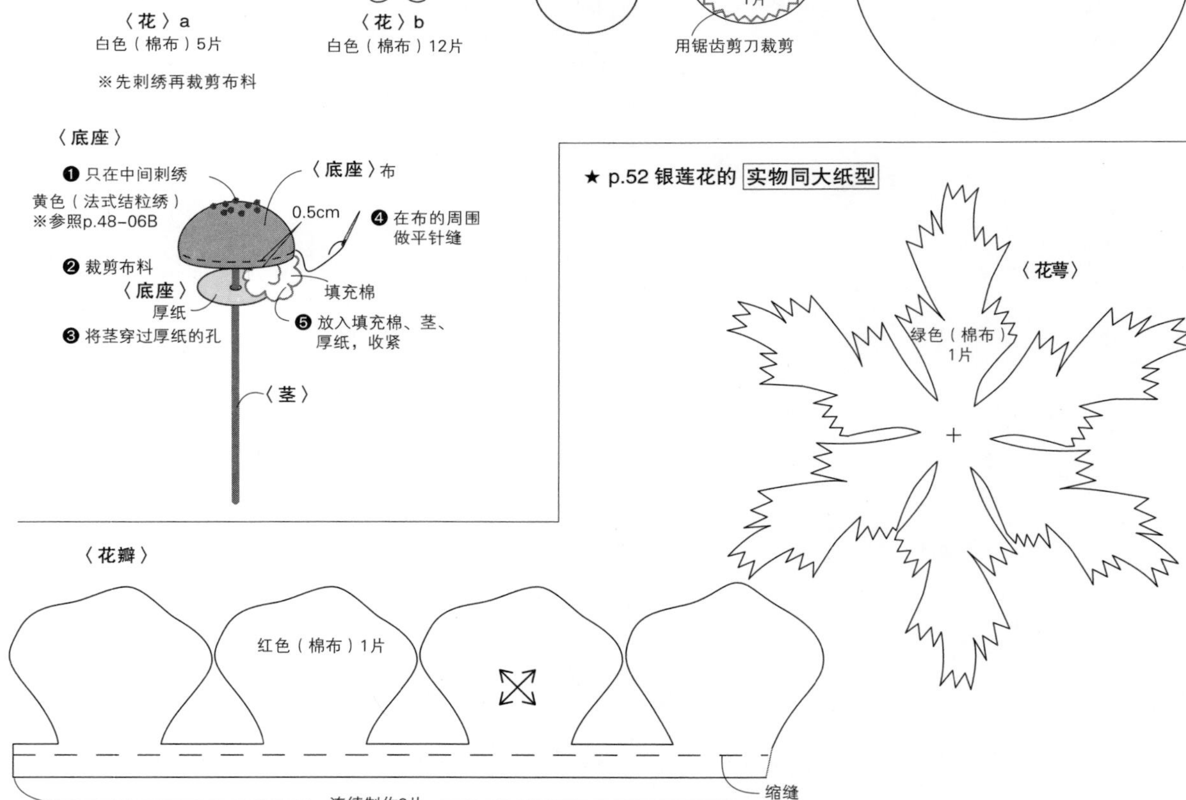

〈底座〉
❶ 只在中间刺绣
黄色（法式结粒绣）
※参照p.48-06B
〈底座〉布
0.5cm
❹ 在布的周围
做平针缝
❷ 裁剪布料
〈底座〉
厚纸
填充棉
❸ 将茎穿过厚纸的孔
❺ 放入填充棉、茎、
厚纸，收紧
〈茎〉
★ p.52 银莲花的 实物同大纸型
〈花萼〉
绿色（棉布）
1片
〈花瓣〉
红色（棉布）1片
缩缝
连续制作8片

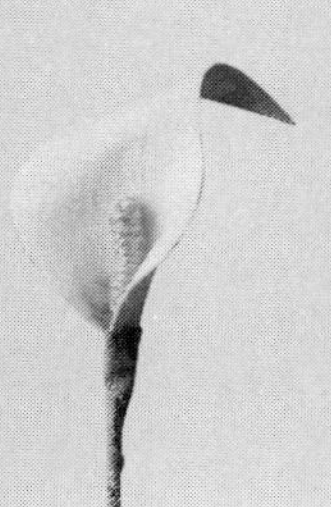

Calla lily

马蹄莲

p.33

材料
- 布……白色（棉布）10cm×10cm、黄绿色（棉布）20cm×20cm
- 线……黄色（5号刺绣线）
- 其他……铁丝（22号）、蜡线

工具
- 布用剪刀
- 黏合剂
- 刺绣针
- 锥子（细）
- 斜嘴钳
- 印台油（绿色）
- 棉签

制作方法

1 转绘纸型，裁剪布料 ※参照 p.43-01
2 组合各部件

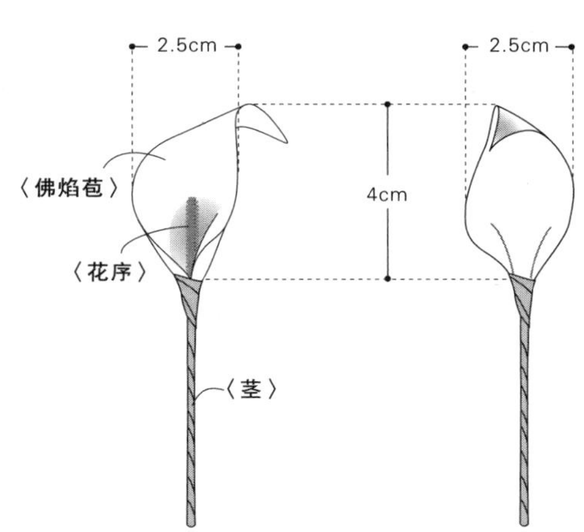

组合方法
[前面]
[后面]
2.5cm
2.5cm
4cm
〈佛焰苞〉
〈花序〉
〈茎〉

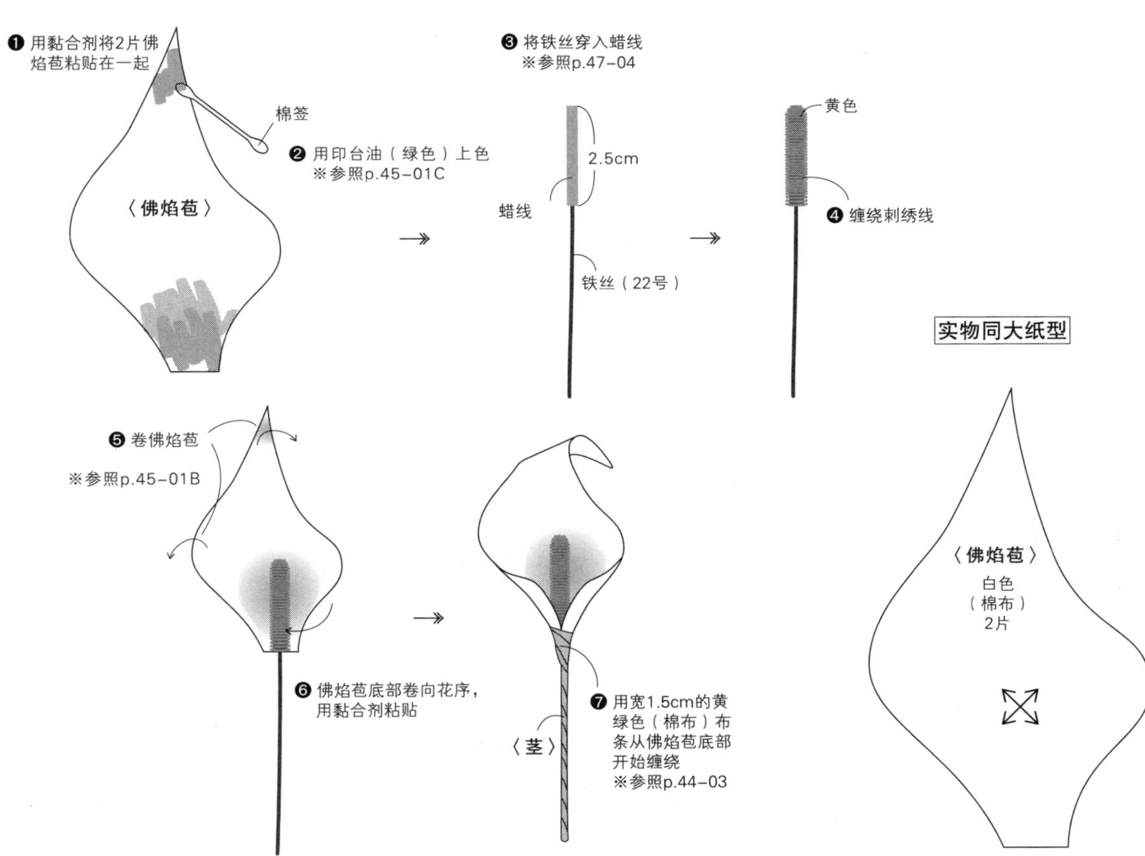

部件
❶ 用黏合剂将2片佛焰苞粘贴在一起
棉签
❷ 用印台油（绿色）上色
※参照p.45-01C
〈佛焰苞〉
❸ 将铁丝穿入蜡线
※参照p.47-04
2.5cm
蜡线
铁丝（22号）
黄色
❹ 缠绕刺绣线
❺ 卷佛焰苞
※参照p.45-01B
❻ 佛焰苞底部卷向花序，用黏合剂粘贴
〈茎〉
❼ 用宽1.5cm的黄绿色（棉布）布条从佛焰苞底部开始缠绕
※参照p.44-03
实物同大纸型
〈佛焰苞〉
白色
（棉布）
2片

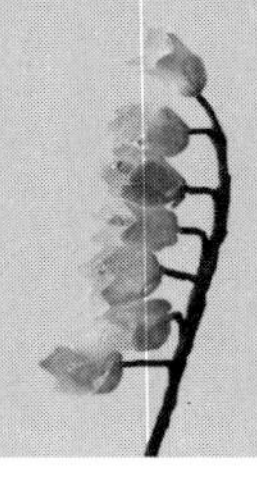

Lily of the valley

铃兰

p.32

材料	
布	白色（棉布）10cm×10cm、黄绿色（棉布）30cm×30cm
线	25号刺绣线（浅黄色）
其他	铁丝（26号）、手缝线

工具
布用剪刀
黏合剂
手缝针、刺绣针
锥子（细）
斜嘴钳

制作方法

1 转绘纸型，裁剪布料 ※参照p.43-01
2 制作花
3 制作叶子 ※参照p.46-03
4 组合各部件

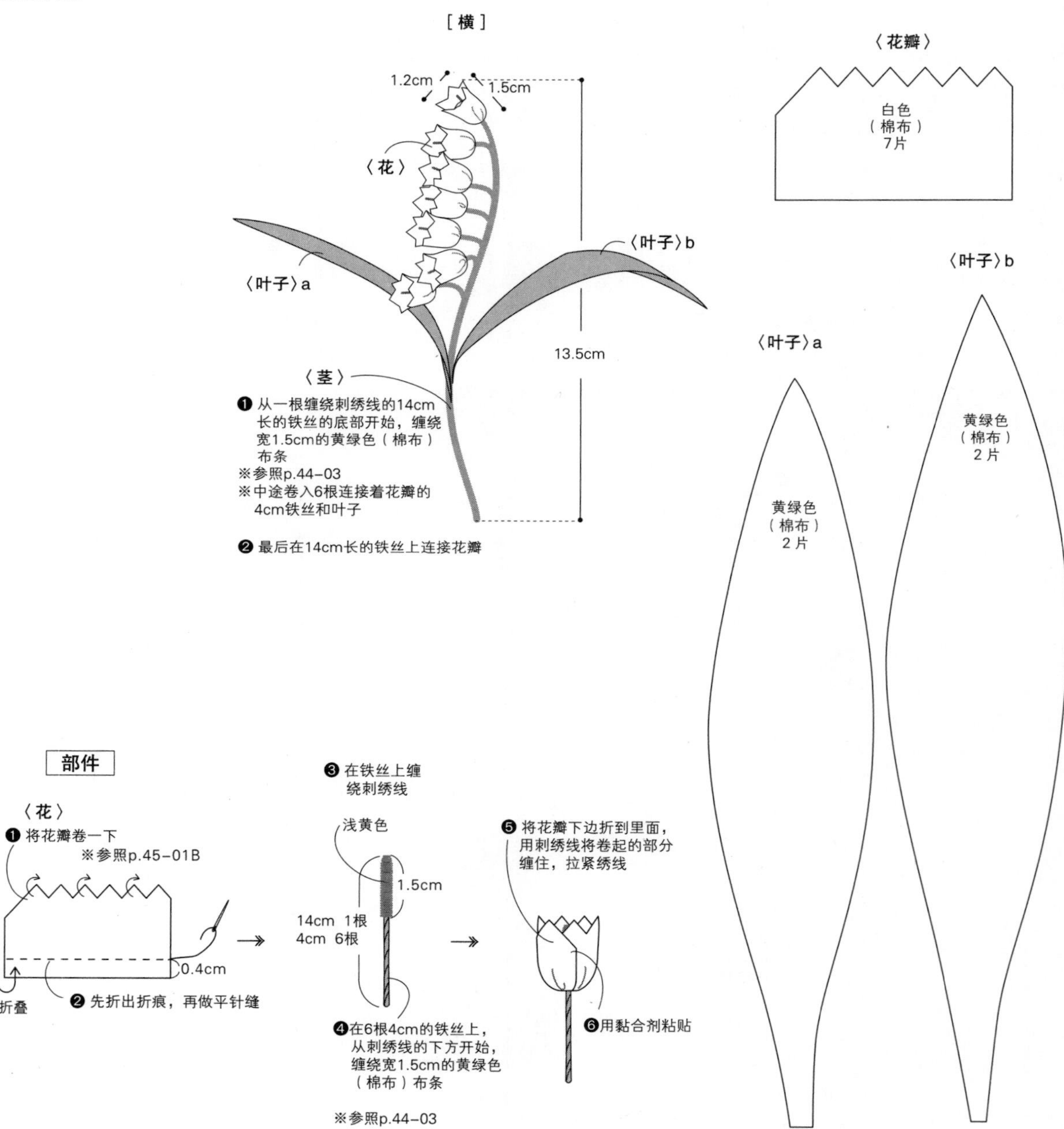

组合方法
[横]
1.2cm
1.5cm
〈花〉
〈叶子〉a
〈叶子〉b
13.5cm
〈茎〉
❶从一根缠绕刺绣线的14cm长的铁丝的底部开始，缠绕宽1.5cm的黄绿色（棉布）布条
※参照p.44-03
※中途卷入6根连接着花瓣的4cm铁丝和叶子
❷最后在14cm长的铁丝上连接花瓣
实物同大纸型
〈花瓣〉
白色（棉布）7片
〈叶子〉a
黄绿色（棉布）2片
〈叶子〉b
黄绿色（棉布）2片
部件
〈花〉
❶将花瓣卷一下
※参照p.45-01B
0.4cm
折叠
❷先折出折痕，再做平针缝
❸在铁丝上缠绕刺绣线
浅黄色
1.5cm
14cm 1根
4cm 6根
❹在6根4cm的铁丝上，从刺绣线的下方开始，缠绕宽1.5cm的黄绿色（棉布）布条
※参照p.44-03
❺将花瓣下边折到里面，用刺绣线将卷起的部分缠住，拉紧绣线
❻用黏合剂粘贴

Rosebud

玫瑰花蕾

p.36

材料

布……白色（棉布）20cm×20cm、
绿色（棉布）20cm×20cm

其他……铁丝（22号）、手缝线、填充棉

工具

布用剪刀
黏合剂
手缝针
锥子（粗）
锥子（细）
斜嘴钳
钢丝钳

制作方法

1 转绘纸型，裁剪布料 ※参照 p.43-01
2 制作花瓣
3 制作茎 ※参照 p.44-03
4 制作花萼 ※参照 p.44-04
5 制作花蕊
6 组合各部件

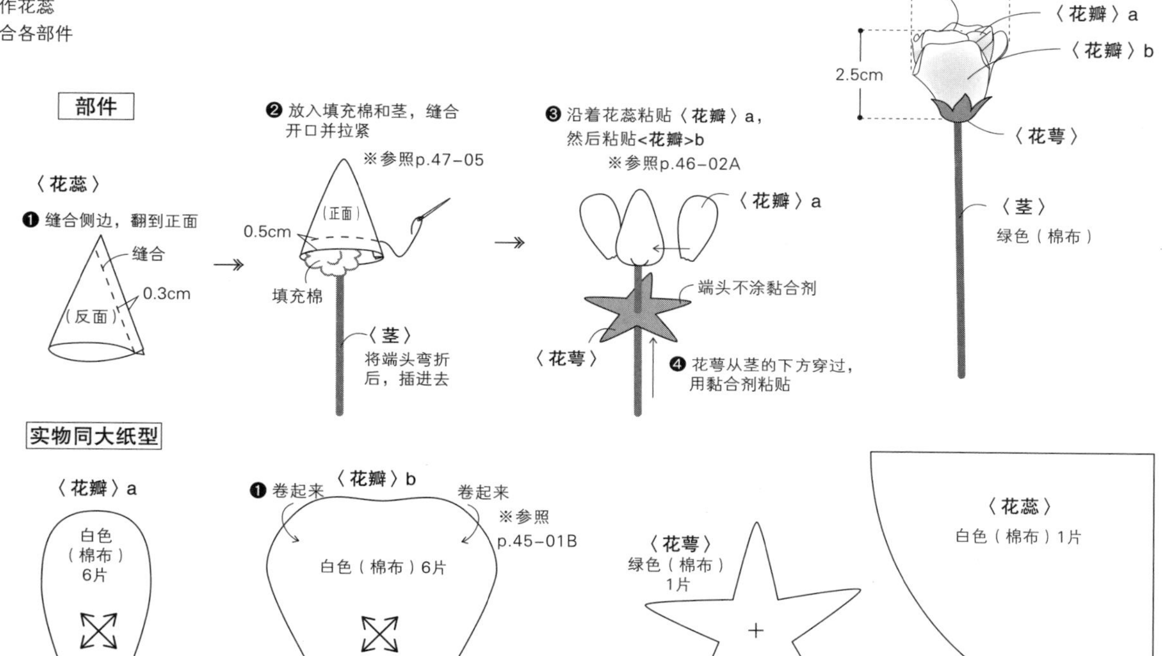

组合方法
[横]
3cm
〈花蕊〉
〈花瓣〉a
〈花瓣〉b
2.5cm
〈花萼〉
〈茎〉
绿色（棉布）
部件
〈花蕊〉
❶ 缝合侧边，翻到正面
缝合
0.3cm
（反面）
❷ 放入填充棉和茎，缝合开口并拉紧
※参照p.47-05
（正面）
0.5cm
填充棉
〈茎〉
将端头弯折后，插进去
❸ 沿着花蕊粘贴〈花瓣〉a，然后粘贴<花瓣>b
※参照p.46-02A
〈花瓣〉a
端头不涂黏合剂
〈花萼〉
❹ 花萼从茎的下方穿过，用黏合剂粘贴
实物同大纸型
〈花瓣〉a
白色（棉布）6片
〈花瓣〉b
❶ 卷起来
卷起来
※参照 p.45-01B
白色（棉布）6片
❷ 缩缝
※参照p.45-01A
〈花萼〉
绿色（棉布）1片
〈花蕊〉
白色（棉布）1片

★ p.69 紫盆花 实物同大纸型

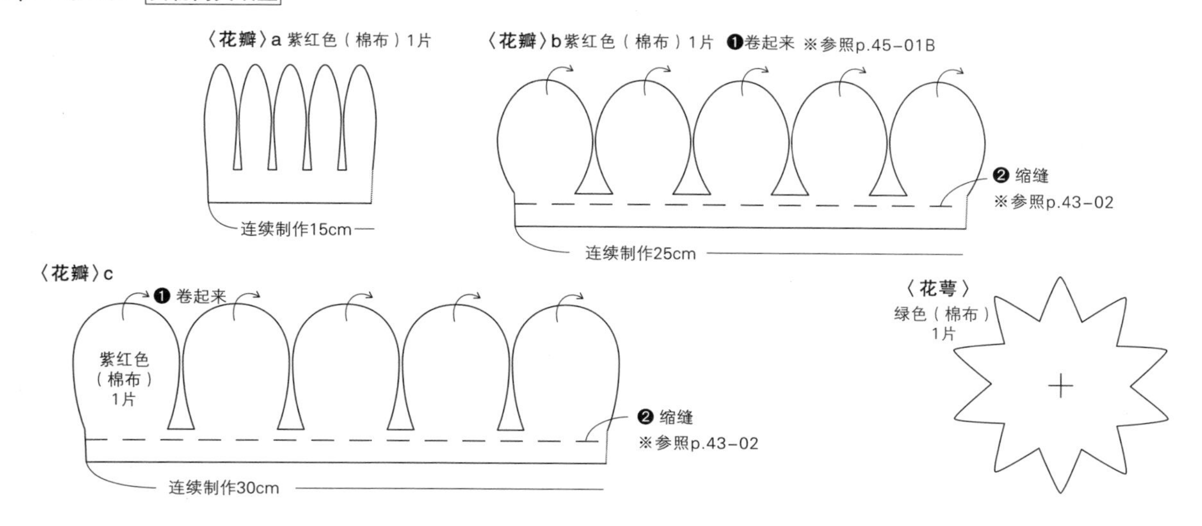

〈花瓣〉a 紫红色（棉布）1片
连续制作15cm
〈花瓣〉b 紫红色（棉布）1片 ❶卷起来 ※参照p.45-01B
❷ 缩缝
※参照p.43-02
连续制作25cm
〈花瓣〉c
❶ 卷起来
紫红色（棉布）1片
❷ 缩缝
※参照p.43-02
连续制作30cm
〈花萼〉
绿色（棉布）1片

Rose

玫瑰

p.12

材料

布……红色（棉布）20cm×20cm、
绿色（棉布）20cm×20cm

其他……手缝线、铁丝（22号）

工具

布用剪刀
锯齿剪刀
黏合剂
手缝针
锥子（粗）
锥子（细）
斜嘴钳

制作方法

1 转绘纸型，裁剪布料　※ 参照 p.43–01
2 制作茎　※ 参照 p.44–03
3 制作花萼　※ 参照 p.44–04
4 制作花瓣
5 制作叶子　※ 参照 p.46–03
6 组合各部件

组合方法

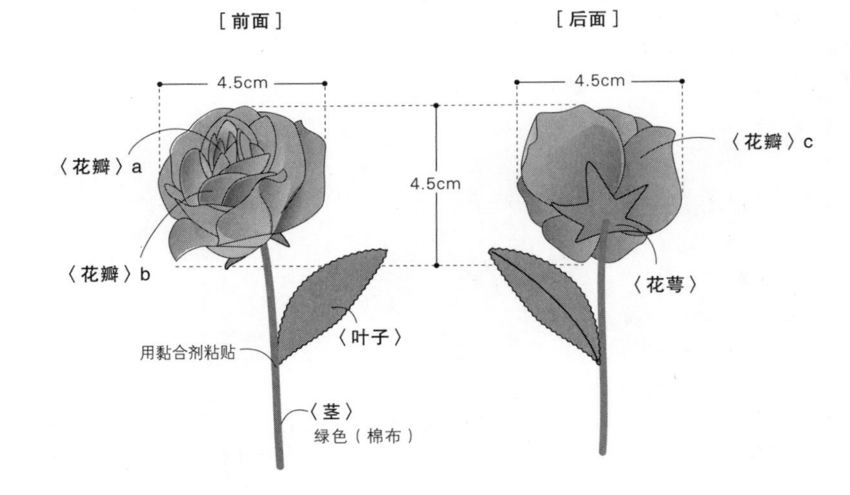

[前面]
[后面]
4.5cm
4.5cm
4.5cm
〈花瓣〉a
〈花瓣〉b
〈花瓣〉c
〈花萼〉
〈叶子〉
用黏合剂粘贴
〈茎〉
绿色（棉布）

部件

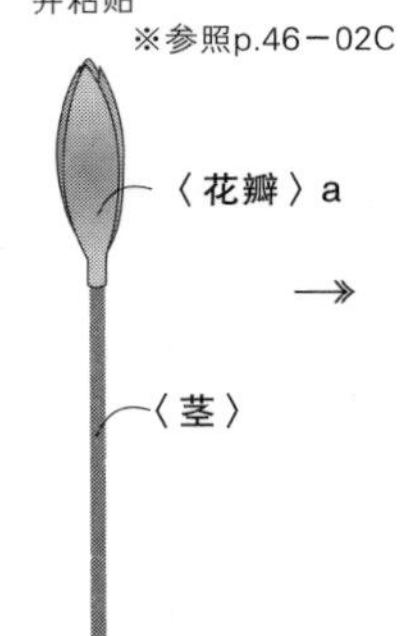

❶ 在茎上缠上〈花瓣〉a
并粘贴
※参照p.46－02C
〈花瓣〉a
〈茎〉

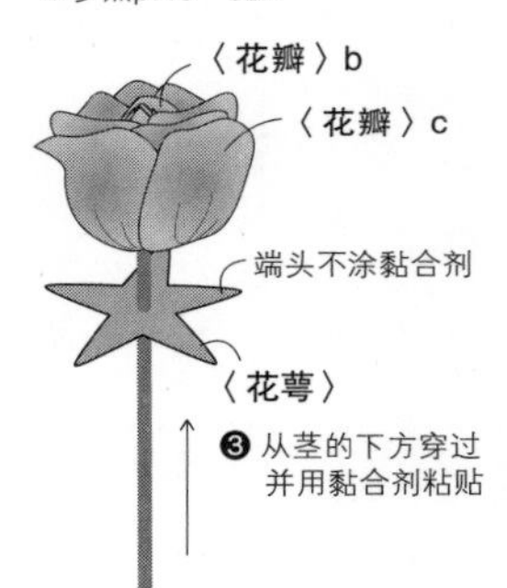

❷ 依次粘贴〈花瓣〉b、〈花瓣〉c
※参照p.46－02A
〈花瓣〉b
〈花瓣〉c
端头不涂黏合剂
〈花萼〉
❸ 从茎的下方穿过
并用黏合剂粘贴

实物同大纸型

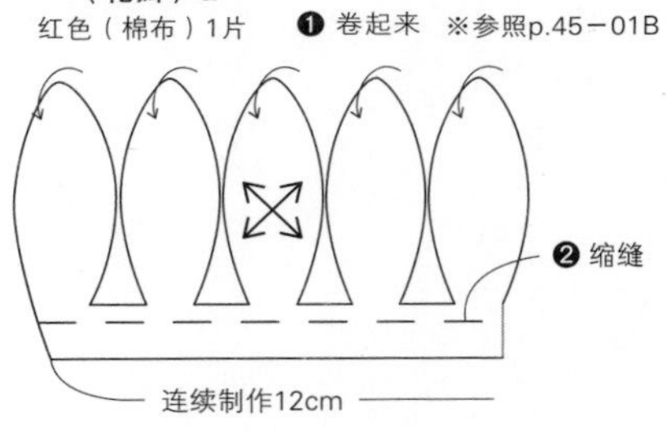

〈花瓣〉a
红色（棉布）1片
❶ 卷起来 ※参照p.45－01B
❷ 缩缝
连续制作12cm

〈花萼〉
绿色（棉布）1片

〈花瓣〉b
红色（棉布）6片
卷起来

〈花瓣〉c
红色（棉布）6片
❶ 卷起来
❷ 缩缝
※参照p.45－01A

〈叶子〉
绿色（棉布）
2片
用锯齿剪刀裁剪

Hibiscus

木槿花

p.15

材料

布……红色（棉布）15cm×15cm、绿色（棉布）20cm×20cm

线……黄色（25号刺绣线）

其他……手缝线、铁丝（22号）

工具

布用剪刀、锯齿剪刀
黏合剂
手缝针、刺绣针
锥子（粗）
锥子（细）
斜嘴钳
印台油（深棕色）、棉签

1 转绘纸型，裁剪布料 ※ 参照 p.43-01
2 制作花瓣
3 制作茎 ※ 参照 p.44-03
4 制作花萼 ※ 参照 p.44-04
5 制作花蕊
6 制作叶子 ※ 参照 p.46-03
7 组合各部件

组合方法

［上］

4.5cm
4.5cm
〈花瓣〉
一片一片地粘贴在花蕊上
※参照p.46－02A

［横］

4.5cm
2.5cm
〈花蕊〉
〈花萼〉
从茎的下方穿过，用黏合剂粘贴
用黏合剂粘贴
〈叶子〉
〈茎〉
绿色（棉布）

部件

〈花瓣〉

❷ 按照①～③的顺序依次卷起来
※参照p.45-01B

❶ 用印台油（深棕色）上色
※参照p.45-01C

❸ 缩缝
※参照p.45-01A

0.3cm

〈花蕊〉

❶ 在茎上缠绕宽1.5cm的红色（棉布）布条

3cm
〈茎〉

❷ 刺绣
黄色
（法式结粒绣）
※参照p.48－06B

实物同大纸型

〈花萼〉
绿色（棉布）1片
用锯齿剪刀裁剪

〈花瓣〉
红色（棉布）5片

〈叶子〉
绿色（棉布）
4片

Poinsettia

一品红

p.37

材料

布……红色（棉布）15cm×15cm、
绿色（棉布）20cm×20cm
线……红色、绿色（25号刺绣线）
其他……铁丝（22号、26号）、
蜡线

工具

布用剪刀
黏合剂
手缝针、刺绣针
锥子（细）
斜嘴钳

制作方法

1 转绘纸型，裁剪布料 ※ 参照 p.43–01
2 制作苞叶 ※ 参照 p.43–02
3 制作花序
4 制作叶子 ※ 参照 p.46–03
5 组合各部件

组合方法

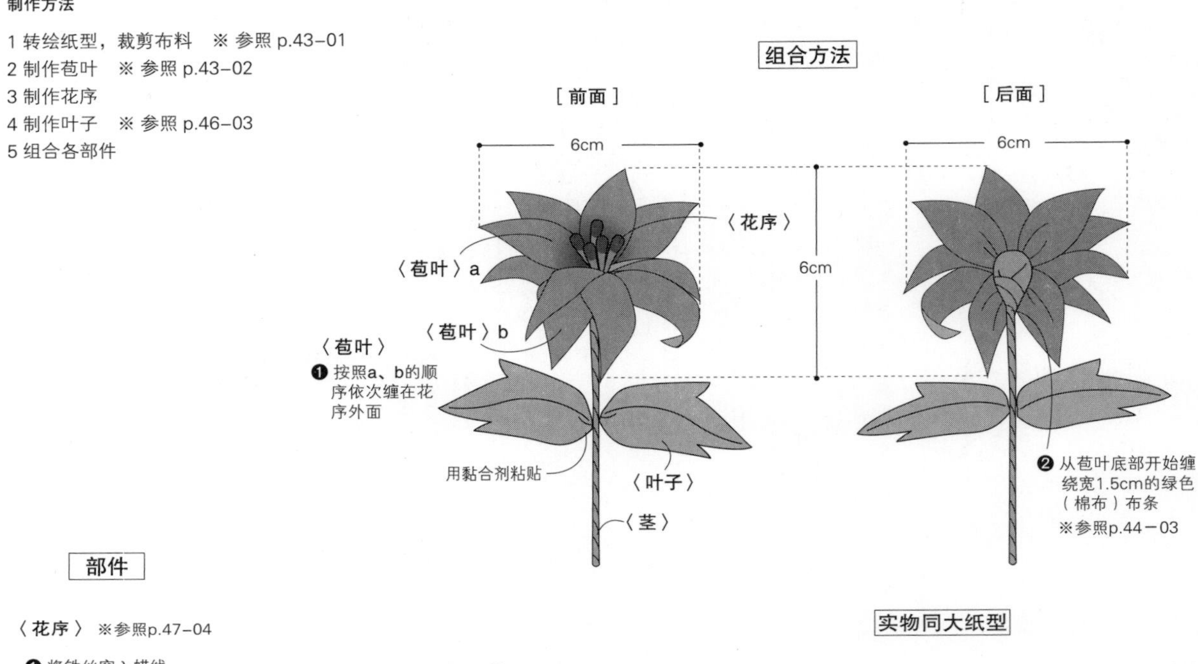

[前面]
[后面]
6cm
6cm
6cm
〈花序〉
〈苞叶〉a
〈苞叶〉b
〈苞叶〉
❶ 按照a、b的顺序依次缠在花序外面
用黏合剂粘贴
〈叶子〉
〈茎〉
❷ 从苞叶底部开始缠绕宽1.5cm的绿色（棉布）布条
※参照p.44－03

部件

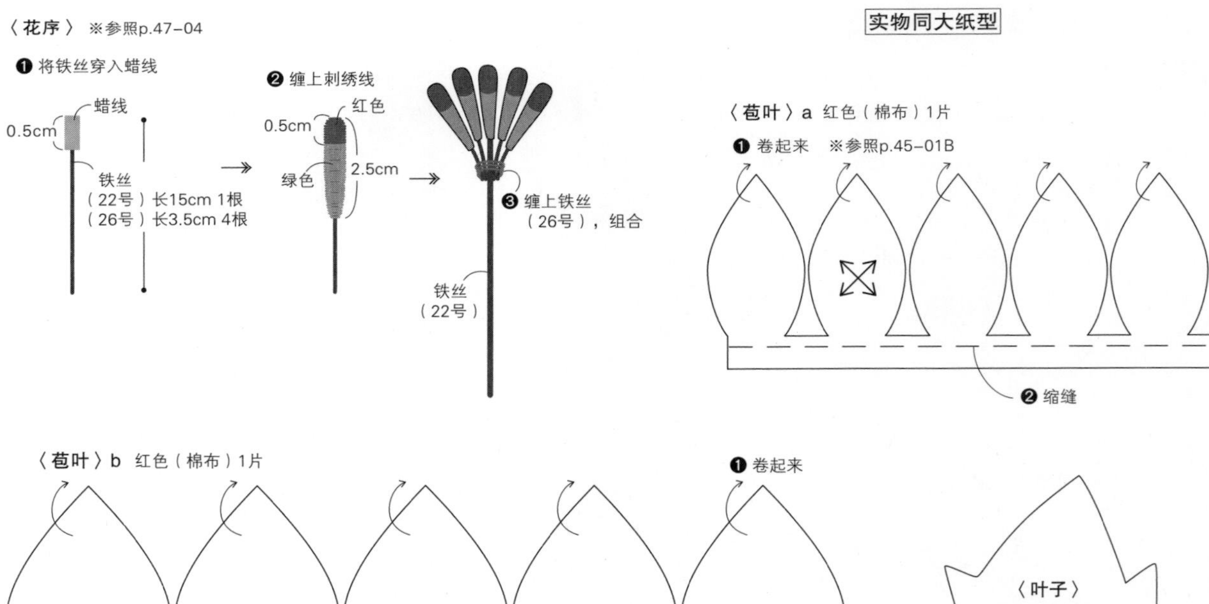

〈花序〉 ※参照p.47–04
❶ 将铁丝穿入蜡线
蜡线
0.5cm
铁丝
（22号）长15cm 1根
（26号）长3.5cm 4根
❷ 缠上刺绣线
0.5cm
红色
绿色
2.5cm
❸ 缠上铁丝（26号），组合
铁丝（22号）
实物同大纸型
〈苞叶〉a 红色（棉布）1片
❶ 卷起来 ※参照p.45-01B
❷ 缩缝

〈苞叶〉b 红色（棉布）1片

❶ 卷起来

❷ 缩缝

〈叶子〉
绿色（棉布）
4片

Camellia

椿花

p.28

材料

布……红色（棉布）15cm×15cm、
褐色（棉布）20cm×20cm、
黄色（棉布）5cm×5cm、
绿色（棉布）10cm×10cm

线……黄色（25号刺绣线）

其他……手缝线、铁丝（22号）、
蜡线、填充棉

工具

布用剪刀
黏合剂
手缝针、刺绣针
锥子（粗）
斜嘴钳

制作方法

1 转绘纸型，裁剪布料 ※ 参照 p.43-01
2 制作花瓣
3 制作花萼 ※ 参照 p.44-04
4 制作花蕊
5 制作叶子 ※ 参照 p.46-03
6 组合各部件

部件

〈花蕊〉

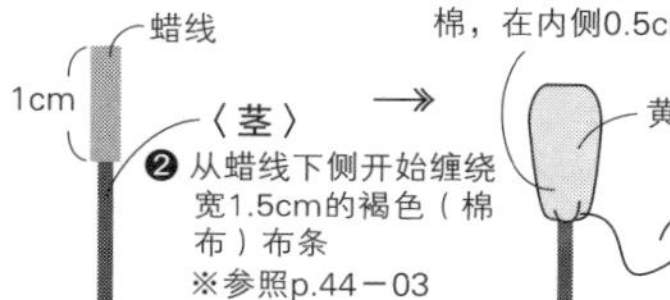
❶ 将铁丝穿入蜡线
蜡线
1cm
〈茎〉
❷ 从蜡线下侧开始缠绕宽1.5cm的褐色（棉布）布条
※参照p.44－03
❸ 在花蕊布内放入少量填充棉，在内侧0.5cm处缩缝
黄色（棉布）

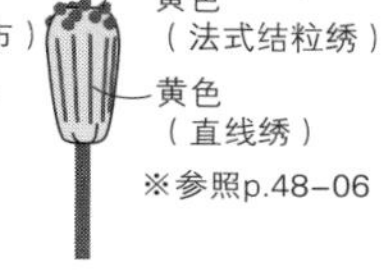
❹ 刺绣
黄色
（法式结粒绣）
黄色
（直线绣）
※参照p.48－06

组合方法

［前面］

4cm
4cm
〈花瓣〉
❶ 一片一片地粘贴在花蕊上
※参照p.46-02A
〈花蕊〉
〈叶子〉
〈花萼〉
❷ 从茎的下方穿过，用黏合剂粘贴
❸ 用黏合剂粘贴
〈茎〉

实物同大纸型

〈花瓣〉
红色（棉布）5片
缩缝
※参照p.45-01A

〈叶子〉
绿色（棉布）4片

〈花蕊〉
黄色（棉布）1片

〈花萼〉

绿色
（棉布）1片

Dahlia

大丽花

p.30

材料

布……深粉色（麻布）40cm×5cm、
绿色（棉布）20cm×20cm

其他……手缝线、铁丝（22号）

工具

布用剪刀
黏合剂
手缝针
锥子（粗）
钢丝钳
斜嘴钳

制作方法

1 转绘纸型，裁剪布料 ※ 参照 p.43-01
2 制作茎 ※ 参照 p.44-03
3 制作花瓣
4 制作花萼 ※ 参照 p.44-04
5 组合各部件

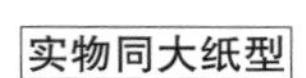
实物同大纸型

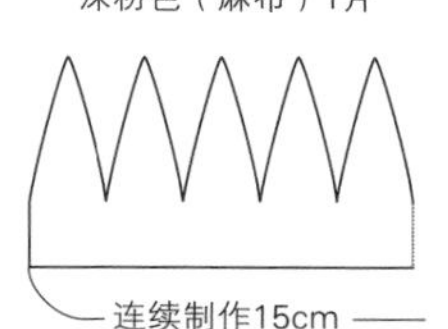
〈花瓣〉a
深粉色（麻布）1片
连续制作15cm

〈花萼〉
绿色（棉布）
1片

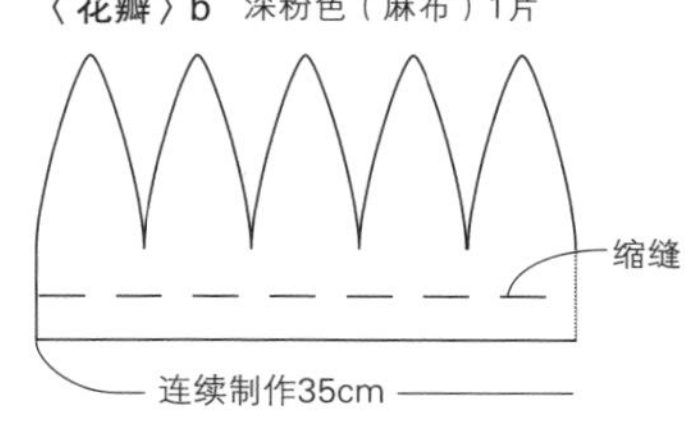
〈花瓣〉b 深粉色（麻布）1片
缩缝
连续制作35cm

组合方法

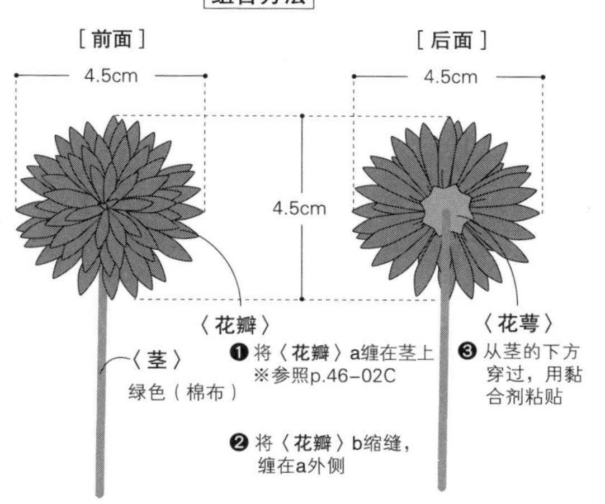
［前面］
［后面］
4.5cm
4.5cm
4.5cm
〈花瓣〉
❶ 将〈花瓣〉a缠在茎上
※参照p.46-02C
〈茎〉
绿色（棉布）
❷ 将〈花瓣〉b缩缝，缠在a外侧
〈花萼〉
❸ 从茎的下方穿过，用黏合剂粘贴

Carnation

康乃馨

p.31

材料

布……红色（棉布）25cm×10cm、
绿色（棉布）20cm×20cm

其他……手缝线、铁丝（22号）、蜡线

工具

布用剪刀
锯齿剪刀
黏合剂
手缝针
锥子（粗）
锥子（细）
斜嘴钳

制作方法

1 转绘纸型，裁剪布料 ※参照 p.43-01
2 制作花瓣
3 制作茎
4 制作花萼 ※参照 p.44-04
5 制作叶子 ※参照 p.46-03
6 组合各部件

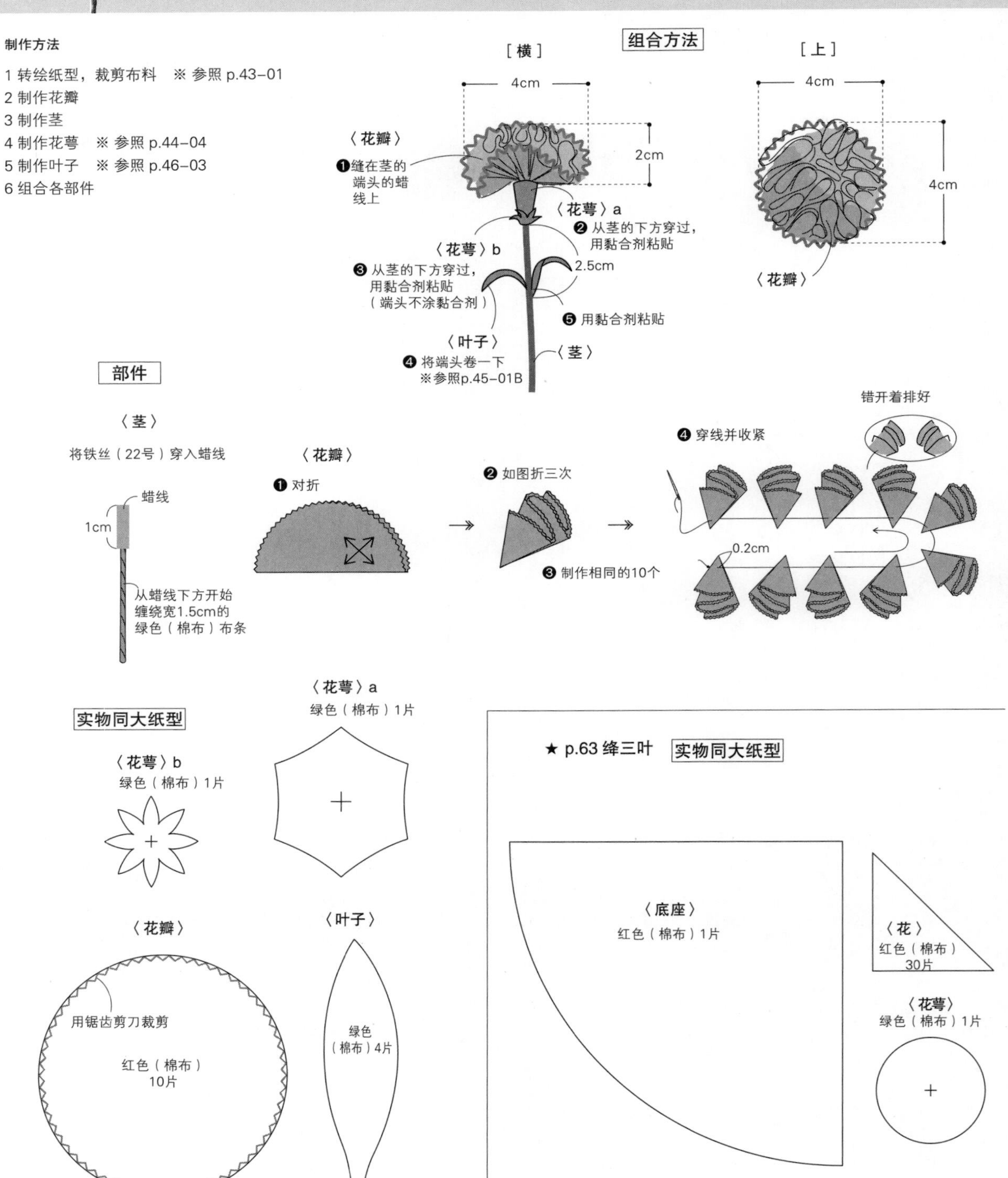

组合方法
[横]
[上]
4cm
2cm
4cm
4cm
〈花瓣〉
❶缝在茎的端头的蜡线上
〈花萼〉a
❷从茎的下方穿过，用黏合剂粘贴
〈花萼〉b
❸从茎的下方穿过，用黏合剂粘贴（端头不涂黏合剂）
2.5cm
❺用黏合剂粘贴
〈叶子〉
❹将端头卷一下
※参照p.45-01B
〈茎〉
〈花瓣〉
部件
〈茎〉
将铁丝（22号）穿入蜡线
蜡线
1cm
从蜡线下方开始缠绕宽1.5cm的绿色（棉布）布条
〈花瓣〉
❶对折
❷如图折三次
❸制作相同的10个
❹穿线并收紧
错开着排好
0.2cm
实物同大纸型
〈花萼〉a
绿色（棉布）1片
〈花萼〉b
绿色（棉布）1片
〈花瓣〉
用锯齿剪刀裁剪
红色（棉布）
10片
〈叶子〉
绿色（棉布）4片
★ p.63 绛三叶 实物同大纸型
〈底座〉
红色（棉布）1片
〈花〉
红色（棉布）
30片
〈花萼〉
绿色（棉布）1片

Strawberry candle

绛三叶

p.34

材料

布……红色（棉布）15cm×20cm、
　　绿色（棉布）20cm×20cm

其他……手缝线、铁丝（22号）、
　　填充棉

工具

布用剪刀
黏合剂
手缝针
锥子（粗）
钢丝钳
斜嘴钳

制作方法

1 转绘纸型，裁剪布料　※参照 p.43-01
2 制作茎　※参照 p.44-03
3 制作花萼　※参照 p.44-04
4 制作底座
5 制作花
6 组合各部件

部件

〈花〉

❶ 对折　→　❷ 折叠右侧　→　❸ 折叠左侧　→　❹ 一片一片地缝在〈底座〉上

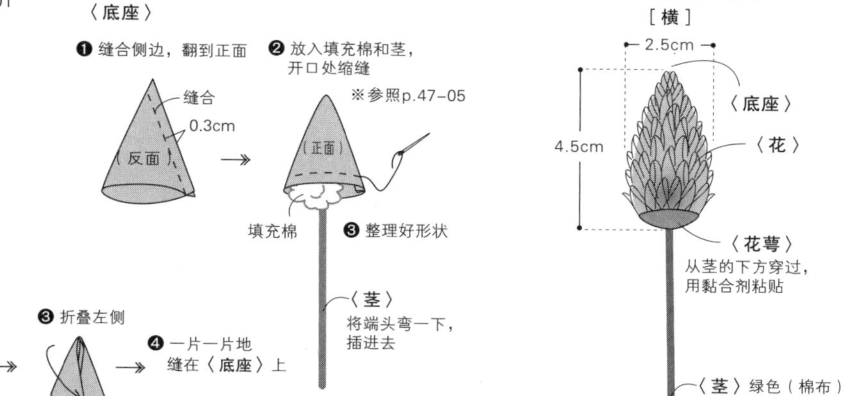
〈底座〉
❶ 缝合侧边，翻到正面
缝合
0.3cm
反面
❷ 放入填充棉和茎，开口处缩缝
※参照p.47-05
正面
填充棉
❸ 整理好形状
〈茎〉
将端头弯一下，插进去
组合方法
[横]
2.5cm
4.5cm
〈底座〉
〈花〉
〈花萼〉
从茎的下方穿过，用黏合剂粘贴
〈茎〉绿色（棉布）

★**实物同大纸型** 见 p.62

Anthurium

火鹤花

p.35

材料

布……红色（棉布）10cm×5cm、
　　绿色（棉布）20cm×20cm

线……黄色、白色（25号刺绣线）

其他……铁丝（22号）、蜡线

工具

布用剪刀
黏合剂
刺绣针
锥子（细）
斜嘴钳

制作方法

1 转绘纸型，裁剪布料　※参照 p.43-01
2 制作花序
3 制作佛焰苞
4 组合各部件

组合方法

实物同大纸型

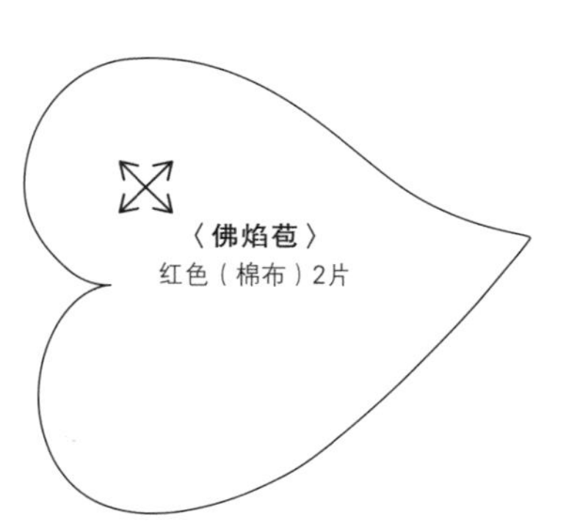
〈佛焰苞〉
红色（棉布）2片

部件

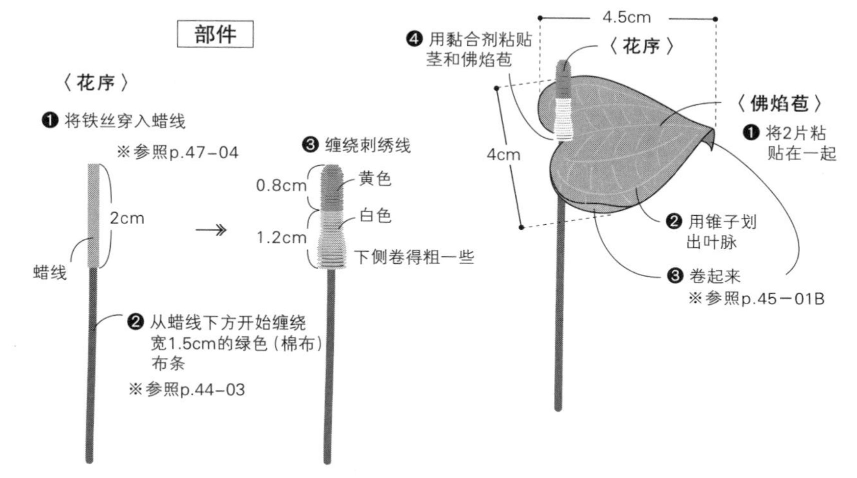
〈花序〉
❶ 将铁丝穿入蜡线
※参照p.47-04
2cm
蜡线
❷ 从蜡线下方开始缠绕宽1.5cm的绿色（棉布）布条
※参照p.44-03
❸ 缠绕刺绣线
0.8cm
黄色
1.2cm
白色
下侧卷得粗一些
[横]
4.5cm
❹ 用黏合剂粘贴茎和佛焰苞
〈花序〉
〈佛焰苞〉
❶ 将2片粘贴在一起
4cm
❷ 用锥子划出叶脉
❸ 卷起来
※参照p.45－01B

Hydrangea

绣球花

p.10

材料

布……水蓝色（棉布）10cm×10cm、
白色（棉布）10cm×5cm、
蓝色（棉布）10cm×10cm、
绿色（棉布）20cm×20cm

线……深绿色（25号刺绣线）

其他……手缝线、铁丝（22号）、
厚纸、填充棉

工具

布用剪刀
锯齿剪刀
黏合剂
手缝针、刺绣针
锥子（细）
斜嘴钳

制作方法

1 转绘纸型，裁剪布料和厚纸　※参照 p.43-01
2 制作花萼
3 制作茎　※参照 p.44-03
4 制作底座
5 制作叶子　※参照 p.46-03
6 组合各部件

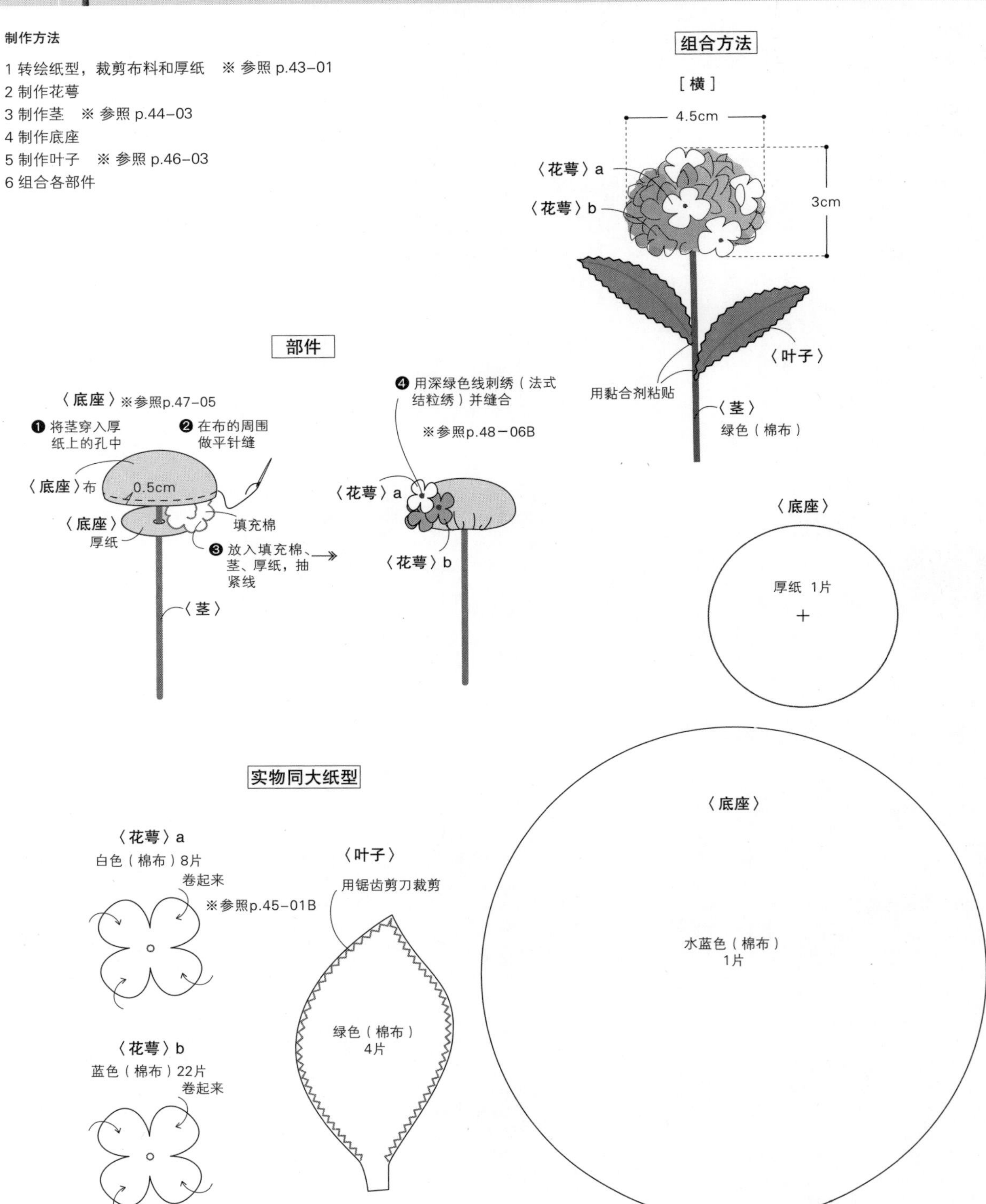

组合方法
[横]
4.5cm
3cm
〈花萼〉a
〈花萼〉b
〈叶子〉
用黏合剂粘贴
〈茎〉
绿色（棉布）
部件
〈底座〉※参照p.47-05
❶ 将茎穿入厚纸上的孔中
❷ 在布的周围做平针缝
〈底座〉布
0.5cm
〈底座〉厚纸
填充棉
❸ 放入填充棉、茎、厚纸，抽紧线
〈茎〉
❹ 用深绿色线刺绣（法式结粒绣）并缝合
※参照p.48－06B
〈花萼〉a
〈花萼〉b
〈底座〉
厚纸 1片
实物同大纸型
〈花萼〉a
白色（棉布）8片
卷起来
※参照p.45-01B
〈花萼〉b
蓝色（棉布）22片
卷起来
〈叶子〉
用锯齿剪刀裁剪
绿色（棉布）
4片
〈底座〉
水蓝色（棉布）
1片

Blue star

蓝星花

p.24

材料

布……蓝色（棉布）10cm × 10cm、
绿色（棉布）20cm × 20cm

线……白色（25 号刺绣线）

其他……手缝线、铁丝（22 号）、
蜡线

工具

布用剪刀
锯齿剪刀
黏合剂
手缝针、刺绣针
锥子（粗）
斜嘴钳

制作方法

1 转绘纸型，裁剪布料 ※ 参照 p.43-01
2 制作花萼 ※ 参照 p.44-04
3 制作花蕊
4 制作花瓣
5 组合各部件

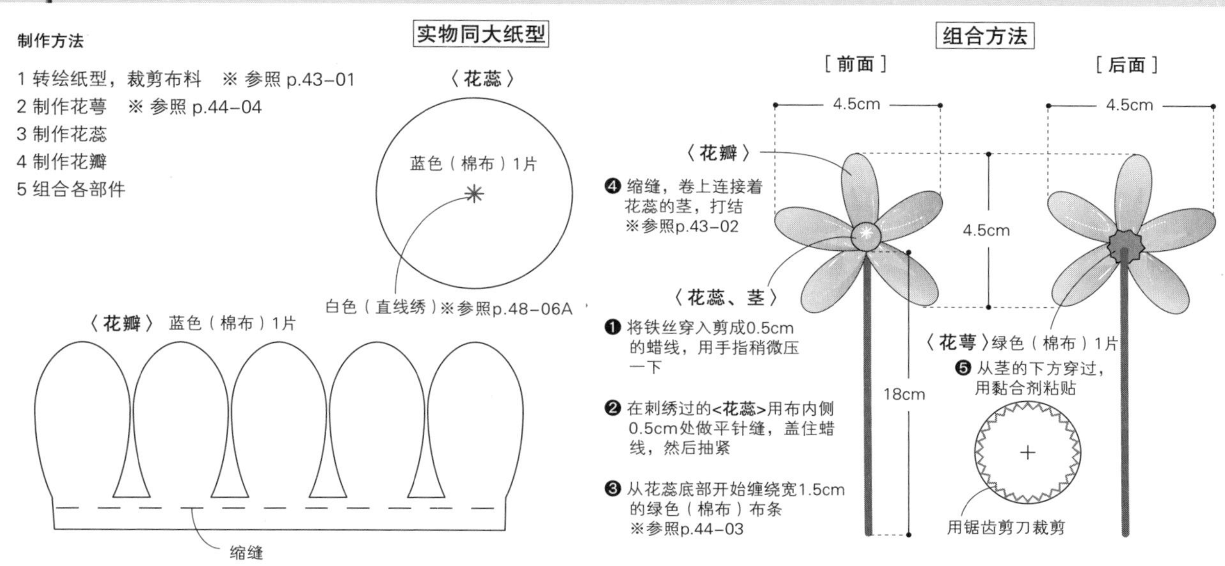

实物同大纸型
〈花蕊〉
蓝色（棉布）1片
白色（直线绣）※参照p.48-06A
〈花瓣〉 蓝色（棉布）1片
缩缝
组合方法
[前面]
[后面]
4.5cm
4.5cm
〈花瓣〉
❹ 缩缝，卷上连接着花蕊的茎，打结
※参照p.43-02
4.5cm
〈花蕊、茎〉
❶ 将铁丝穿入剪成0.5cm的蜡线，用手指稍微压一下
❷ 在刺绣过的<花蕊>用布内侧0.5cm处做平针缝，盖住蜡线，然后抽紧
❸ 从花蕊底部开始缠绕宽1.5cm的绿色（棉布）布条
※参照p.44-03
18cm
〈花萼〉绿色（棉布）1片
❺ 从茎的下方穿过，用黏合剂粘贴
用锯齿剪刀裁剪

Cornflower

矢车菊

p.24

材料

布……蓝色（棉布）30cm × 10cm、
绿色（棉布）20cm × 20cm

线……白色、紫色、灰色（25 号刺绣线）

其他……手缝线、铁丝（22 号）

工具

布用剪刀
锯齿剪刀
黏合剂
手缝针、刺绣针
锥子（粗）
钢丝钳
斜嘴钳

制作方法

1 转绘纸型，裁剪布料 ※ 参照 p.43-01
2 制作花瓣 ※ 参照 p.43-02
3 制作茎 ※ 参照 p.44-03
4 制作花萼 ※ 参照 p.44-04
5 制作花蕊（无棉） ※ 参照 p.44-05
6 组合各部件 ※ 参照 p.45-06

实物同大纸型

〈花萼〉

绿色（棉布）1片

用锯齿剪刀裁剪

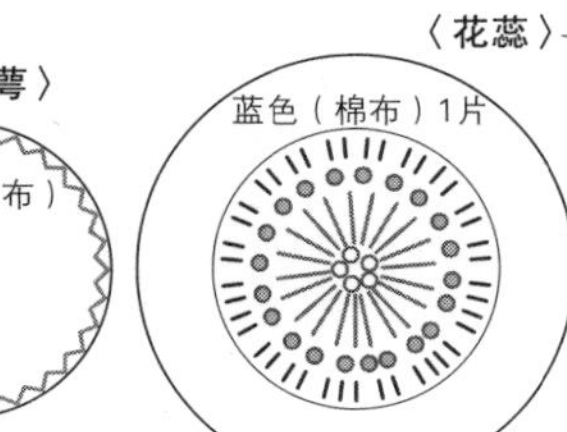

蓝色（棉布）1片

〈花瓣〉蓝色（棉布）1片

缩缝

连续制作25cm

○ = 白色（法式结粒绣）
— = 紫色（直线绣）
● = 紫色（法式结粒绣）
- = 灰色（直线绣）

※参照p.48-06

组合方法

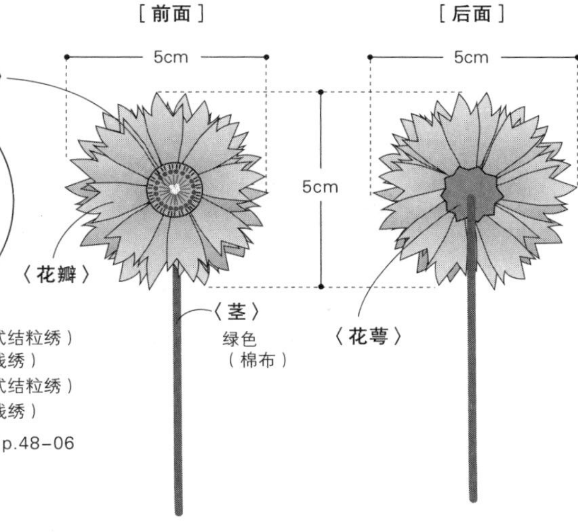

[前面]
[后面]
5cm
5cm
〈花蕊〉
5cm
〈花瓣〉
〈茎〉
绿色
（棉布）
〈花萼〉

Nemophila

喜林草

p.24

材料

布……蓝色（棉布）15cm×5cm、
白色（棉布）10cm×5cm、
黄绿色（棉布）20cm×20cm

线……黑色、白色（25号刺绣线）

其他……手缝线、铁丝（22号、26号）

工具

布用剪刀
黏合剂
手缝针、刺绣针
锥子（粗）
斜嘴钳、钢丝钳
印台油（蓝色）、棉签
胶水

制作方法

1 转绘纸型，裁剪布料　※ 参照 p.43-01
2 制作花蕊
3 制作花瓣
4 制作花萼　※ 参照 p.44-04
5 组合各部件

组合方法

［前面］

4.5cm

〈花瓣〉a

〈花瓣〉b

4.5cm

〈花蕊〉

〈茎〉

［后面］

4.5cm

〈花萼〉

从茎的下方穿过，用黏合剂粘贴

部件

〈花蕊〉

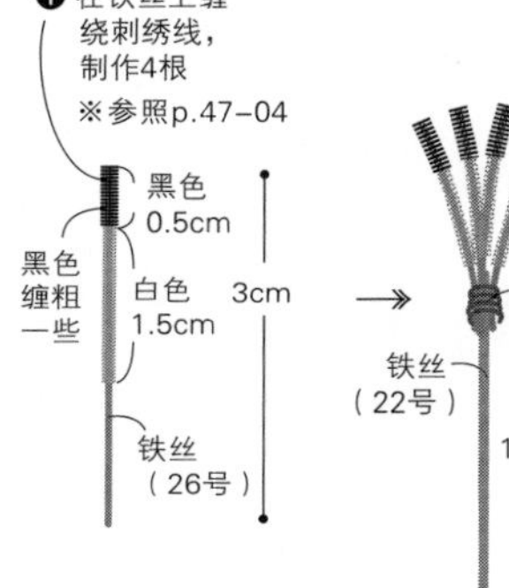

❶ 在铁丝上缠绕刺绣线，制作4根
※参照p.47-04
黑色
0.5cm
黑色缠粗一些
白色
1.5cm
3cm
铁丝
（26号）

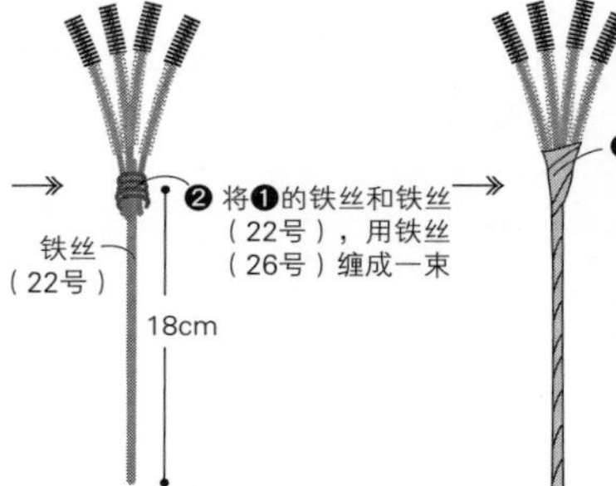

铁丝
（22号）
18cm
❷ 将❶的铁丝和铁丝（22号），用铁丝（26号）缠成一束
❸ 从缠绕处开始缠绕宽1.5cm的黄绿色（棉布）布条
※参照p.44-03

〈花瓣〉

❶ 用胶水在裁剪好的〈花瓣〉a上粘贴〈花瓣〉b

用黏合剂粘贴的话会变硬，所以这里用胶水

棉签

〈花瓣〉a

❷ 将棉签的端头剪一下，蘸取印台油，画线

❸ 缩缝，卷在连接着花蕊的茎上，打结
※参照p.43-02

印台油（蓝色）

〈花瓣〉b

0.5cm

实物同大纸型

〈花萼〉
黄绿色（棉布）1片

〈花瓣〉b
白色（棉布）5片

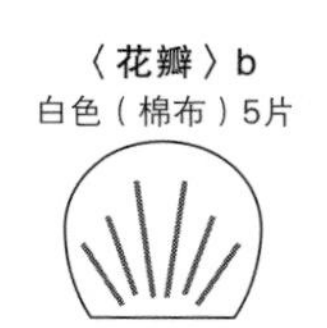

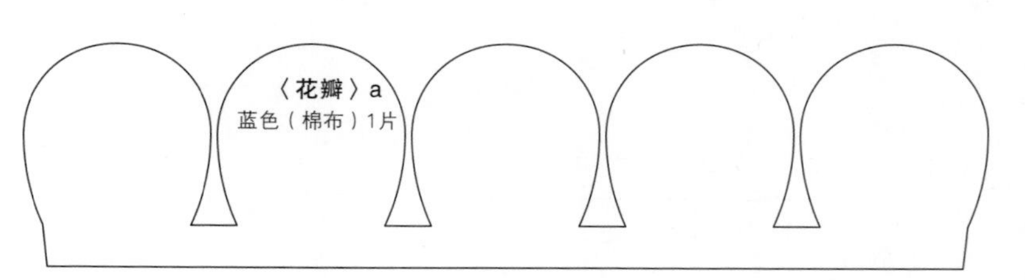

〈花瓣〉a
蓝色（棉布）1片

Blue daisy

蓝雏菊

p.24

材料

布……蓝色（棉布）20cm×5cm、
黄色（棉布）5cm×5cm、
绿色（棉布）20cm×20cm

线……黄色（25号刺绣线）

其他……手缝线、铁丝（22号）、填充棉

工具

布用剪刀
黏合剂
手缝针、刺绣针
锥子（粗）
钢丝钳
斜嘴钳

制作方法

1 转绘纸型，裁剪布料 ※参照p.43–01
2 制作花瓣 ※参照p.43–02
3 制作茎 ※参照p.44–03
4 制作花萼 ※参照p.44–04
5 制作花蕊 ※参照p.44–05
6 组合各部件 ※参照p.45–06

组合方法

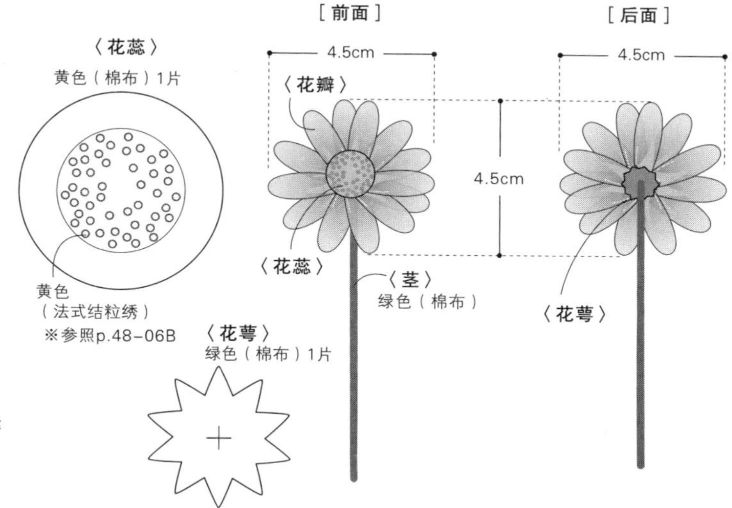

〈花蕊〉
黄色（棉布）1片
黄色
（法式结粒绣）
※参照p.48–06B
〈花萼〉
绿色（棉布）1片
[前面]
4.5cm
〈花瓣〉
〈花蕊〉
〈茎〉
绿色（棉布）
4.5cm
[后面]
4.5cm
〈花萼〉

实物同大纸型

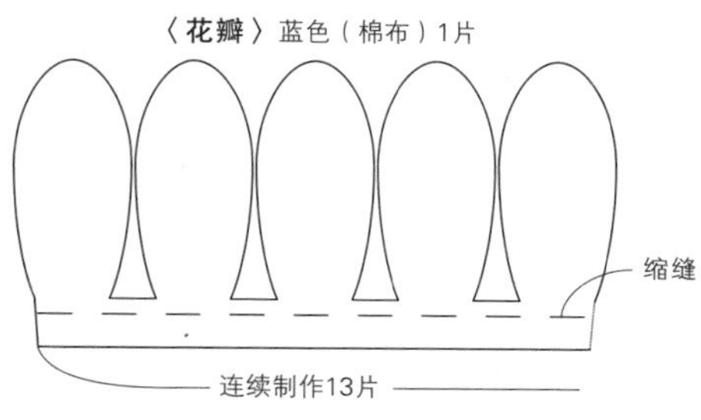

〈花瓣〉蓝色（棉布）1片
缩缝
连续制作13片

Allium

洋葱花

p.29

材料

布……紫色（麻布）10cm×10cm、
绿色（棉布）20cm×20cm

线……深紫色、紫色、紫红色（25号刺绣线）

其他……手缝线、铁丝（22号）、填充棉

工具

布用剪刀
手缝针、刺绣针
钢丝钳
斜嘴钳

制作方法

1 转绘纸型，裁剪布料 ※参照p.43–01
2 制作茎 ※参照p.44–03
3 制作底座 ※参照p.47–05
4 制作花

组合方法

[前面]

3cm

3cm

〈花〉

在底座上用深紫色、紫色、紫红色线刺绣（土麦那绣）※参照p.48–06C

〈茎〉

绿色（棉布）

实物同大纸型

〈底座〉

紫色（麻布）1片

缩缝

Iris

鸢尾

p.30

材料

布……紫色（麻布）10cm×10cm、
绿色（棉布）20cm×20cm
其他……手缝线、铁丝（22号）

工具

布用剪刀
黏合剂
手缝针
锥子（细）
斜嘴钳
印台油（白色、黄色）
棉签

制作方法

1 转绘纸型，裁剪布料 ※ 参照 p.43-01
2 制作花瓣
3 制作叶子 ※ 参照 p.46-03
4 组合各部件

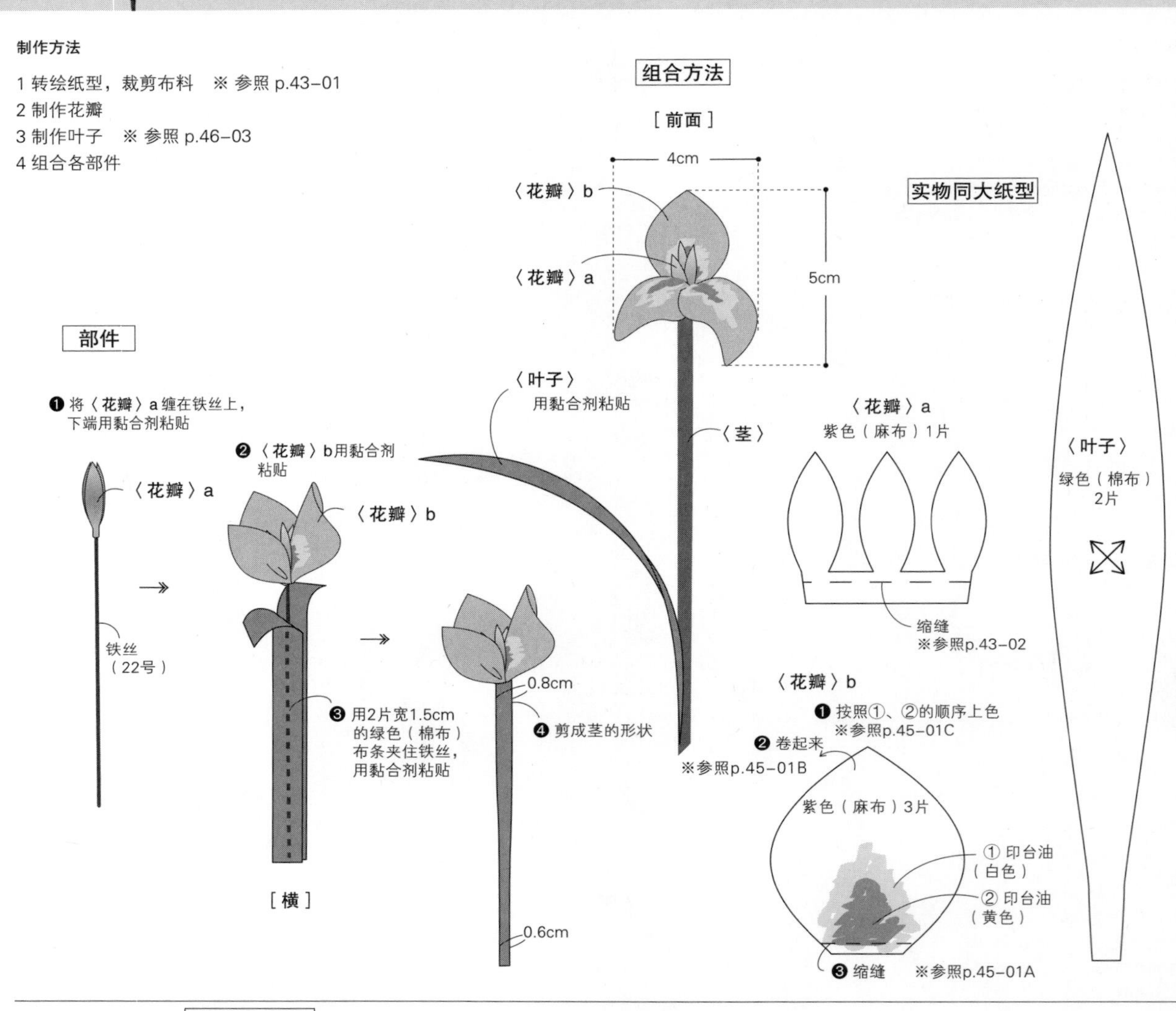

组合方法
[前面]
4cm
5cm
〈花瓣〉b
〈花瓣〉a
〈叶子〉
用黏合剂粘贴
〈茎〉
※参照p.45-01B
部件
❶ 将〈花瓣〉a缠在铁丝上，
下端用黏合剂粘贴
〈花瓣〉a
铁丝
（22号）
❷〈花瓣〉b用黏合剂
粘贴
〈花瓣〉b
❸ 用2片宽1.5cm
的绿色（棉布）
布条夹住铁丝，
用黏合剂粘贴
[横]
0.8cm
❹ 剪成茎的形状
0.6cm
实物同大纸型
〈花瓣〉a
紫色（麻布）1片
缩缝
※参照p.43-02
〈花瓣〉b
❶ 按照①、②的顺序上色
※参照p.45-01C
❷ 卷起来
紫色（麻布）3片
① 印台油
（白色）
② 印台油
（黄色）
❸ 缩缝 ※参照p.45-01A
〈叶子〉
绿色（棉布）
2片

★ p.69 铁线莲 实物同大纸型

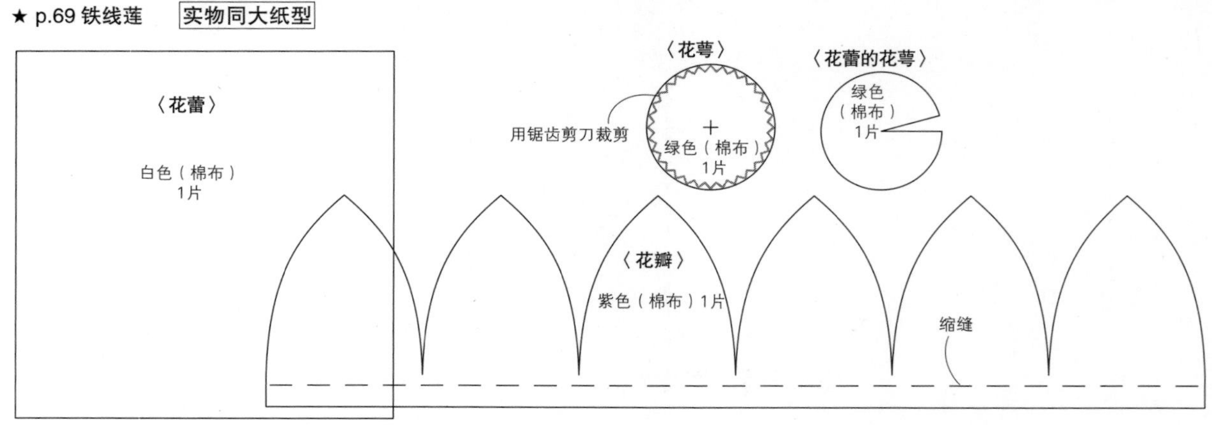

〈花蕾〉
白色（棉布）
1片
〈花萼〉
用锯齿剪刀裁剪
绿色（棉布）
1片
〈花蕾的花萼〉
绿色
（棉布）
1片
〈花瓣〉
紫色（棉布）1片
缩缝

Clematis

铁线莲

P.30

材料

布……紫色（棉布）15cm×5cm、
白色（棉布）10cm×10cm、
黄色（棉布）5cm×5cm、
绿色（棉布）20cm×20cm

线……蓝紫色、黄色（25号刺绣线）

其他……手缝线、铁丝（22号、26号）

工具

布用剪刀
锯齿剪刀
黏合剂
手缝针、刺绣针
锥子（粗）
斜嘴钳、钢丝钳
印台油（黄绿色）、棉签

制作方法

1 转绘纸型，裁剪布料　※参照 p.43-01
2 制作花瓣　※参照 p.43-02
3 制作茎　※参照 p.44-03
4 制作花萼　※参照 p.44-04
5 制作花蕊（无棉）　※参照 p.44-05
6 制作花蕾
7 组合各部件　※参照 p.45-06

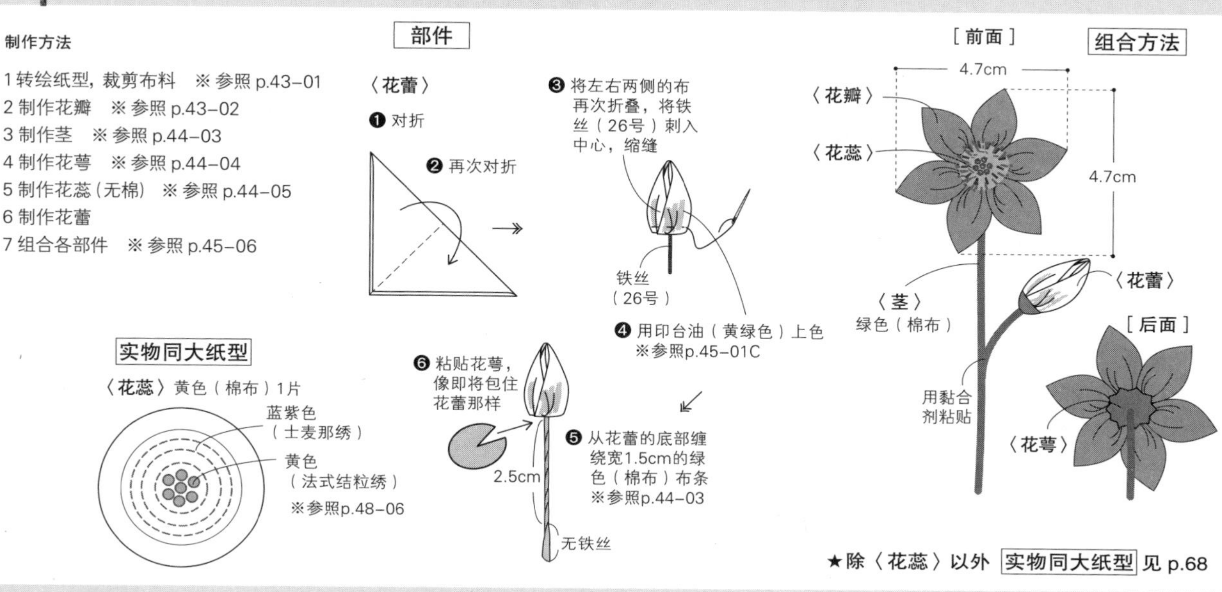
部件
〈花蕾〉
❶ 对折
❷ 再次对折
❸ 将左右两侧的布再次折叠，将铁丝（26号）刺入中心，缩缝
铁丝（26号）
❹ 用印台油（黄绿色）上色 ※参照p.45-01C
❺ 从花蕾的底部缠绕宽1.5cm的绿色（棉布）布条 ※参照p.44-03
❻ 粘贴花萼，像即将包住花蕾那样
2.5cm
无铁丝
实物同大纸型
〈花蕊〉黄色（棉布）1片
蓝紫色（土麦那绣）
黄色（法式结粒绣）
※参照p.48-06
[前面]
组合方法
4.7cm
4.7cm
〈花瓣〉
〈花蕊〉
〈花蕾〉
〈茎〉
绿色（棉布）
[后面]
用黏合剂粘贴
〈花萼〉

★除〈花蕊〉以外 实物同大纸型 见 p.68

Scabiosa

紫盆花

p.30

材料

布……紫红色（棉布）35cm×15cm、
绿色（棉布）20cm×20cm

线……白色（25号刺绣线）

其他……手缝线、铁丝（22号、26号）、
蜡线

工具

布用剪刀
黏合剂
手缝针
锥子（粗）
锥子（细）
斜嘴钳、钢丝钳

制作方法

1 转绘纸型，裁剪布料　※参照 p.43-01
2 制作花瓣
3 制作花萼　※参照 p.44-04
4 制作花蕊
5 组合各部件

部件

〈花瓣〉

1cm

❶ 将铁丝穿入蜡线

❷ 按照〈花瓣〉a、〈花瓣〉b、〈花瓣〉c的顺序，一点一点向下错开着卷起来并粘贴（〈花瓣〉b和〈花瓣〉c缩缝后再卷）

铁丝（22号）

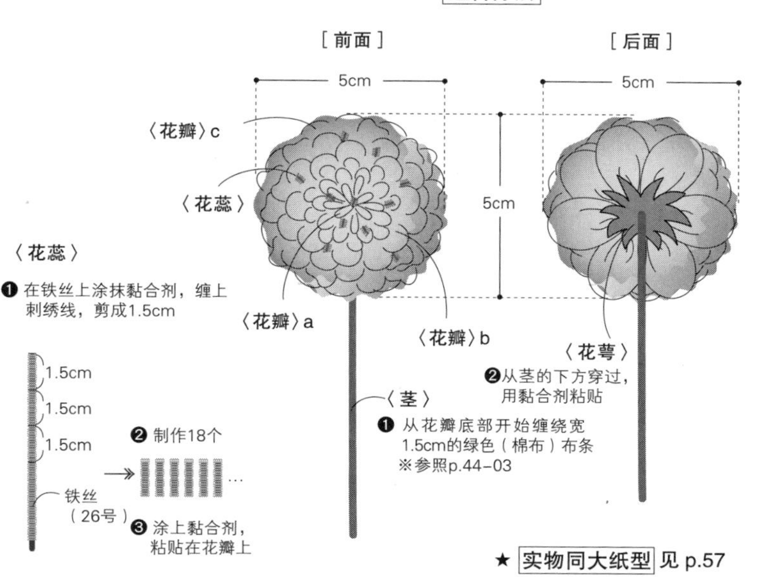
〈花蕊〉
❶ 在铁丝上涂抹黏合剂，缠上刺绣线，剪成1.5cm
1.5cm
1.5cm
1.5cm
铁丝（26号）
❷ 制作18个
❸ 涂上黏合剂，粘贴在花瓣上
组合方法
[前面]
[后面]
5cm
5cm
5cm
〈花瓣〉c
〈花蕊〉
〈花瓣〉a
〈花瓣〉b
〈茎〉
❶ 从花瓣底部开始缠绕宽1.5cm的绿色（棉布）布条 ※参照p.44-03
〈花萼〉
❷从茎的下方穿过，用黏合剂粘贴

★ 实物同大纸型 见 p.57

Dandelion

蒲公英

p.16

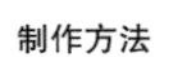

材料

布……黄色（麻布）25cm × 5cm、

绿色（棉布）20cm × 20cm

其他……手缝线、铁丝（22 号）

工具

布用剪刀

黏合剂

手缝针

锥子（粗）

斜嘴钳

制作方法

1 转绘纸型，裁剪布料　※ 参照 p.43-01

2 制作花瓣

3 制作茎　※ 参照 p.44-03

4 制作花萼　※ 参照 p.44-04

5 制作叶子　※ 参照 p.46-03

6 组合各部件

部件

〈花瓣〉

❶ 将布剪成4cm × 20cm，对折后剪出剪口

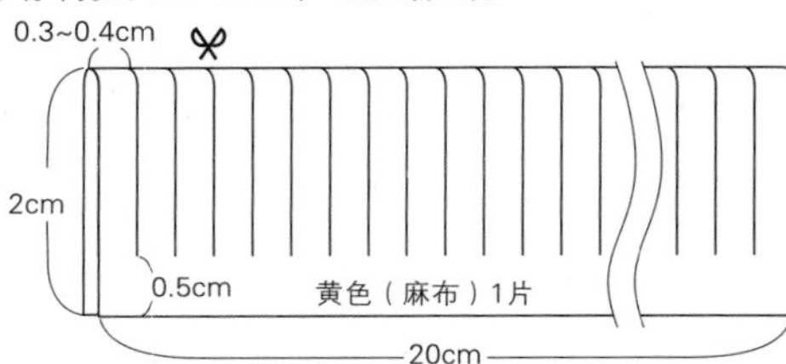

0.3~0.4cm
2cm
0.5cm
黄色（麻布）1片
20cm

实物同大纸型

〈花萼〉a 绿色（棉布）1片

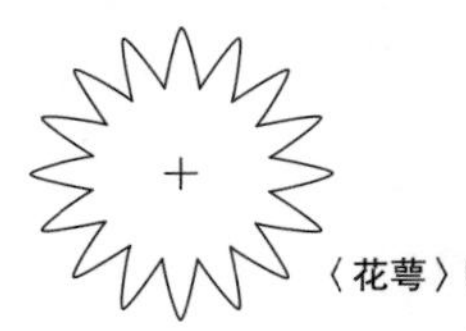

〈花萼〉b 绿色（棉布）1片

〈叶子〉 绿色（棉布）4片

组合方法

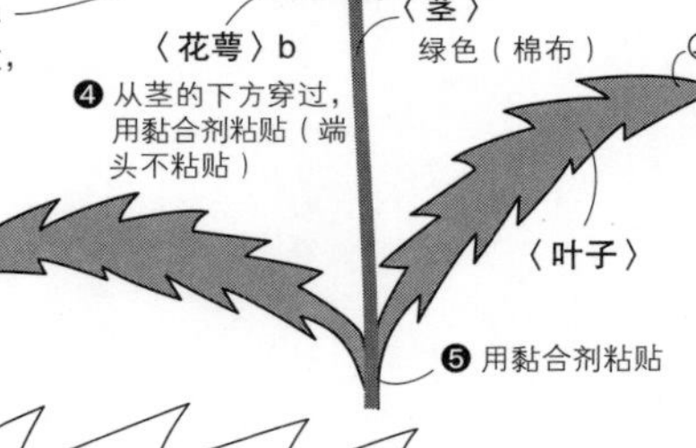

[横]
〈花瓣〉
❶ 缠在茎上
※参照p.46-02C
❷ 把底部缝出
圆圆的形状
※参照p.50 部件
❻
4cm
2.3cm
〈花萼〉a
❸ 从茎的下方穿过，
用黏合剂粘贴
〈花萼〉b
❹ 从茎的下方穿过，
用黏合剂粘贴（端
头不粘贴）
〈茎〉
绿色（棉布）
〈叶子〉
❺ 用黏合剂粘贴

Corn poppy

虞美人

p.18

材料

布……橙色（棉布）15cm × 15cm、

浅黄色（棉布）5cm × 5cm、

绿色（棉布）20cm × 20cm

线……黄色（25 号刺绣线）

其他……手缝线、铁丝（22 号）

工具

布用剪刀

黏合剂

手缝针、刺绣针

锥子（粗）

钢丝钳

斜嘴钳

制作方法

1 转绘纸型，裁剪布料
※ 参照 p.43-01

2 制作花瓣　※ 参照 p.43-02

3 制作茎　※ 参照 p.44-03

4 制作花萼　※ 参照 p.44-04

5 制作花蕊（无棉）　※ 参照 p.44-05

6 组合各部件　※ 参照 p.45-06

〈花蕊〉

浅黄色（棉布）1片

黄色
（法式结粒绣）
※参照p.48-06B

黄色
（直线绣）
※参照p.48-06A

组合方法

[前面]　[后面]

4.2cm

4.2cm

4.2cm

〈花瓣〉

〈花蕊〉

〈花萼〉

〈茎〉
绿色（棉布）

实物同大纸型

〈花瓣〉 橙色（棉布）1片

缩缝

〈花萼〉
绿色（棉布）1片

Marigold

金盏花

p.19

材料

布……橙色（棉布）35cm×10cm、
绿色（棉布）20cm×20cm

其他……手缝线、铁丝（22号）、
蜡线

工具

布用剪刀
黏合剂
手缝针
锥子（细）
斜嘴钳
印台油（红色）、棉签

制作方法

1 转绘纸型，裁剪布料 ※参照 p.43-01
2 制作花瓣
3 组合各部件

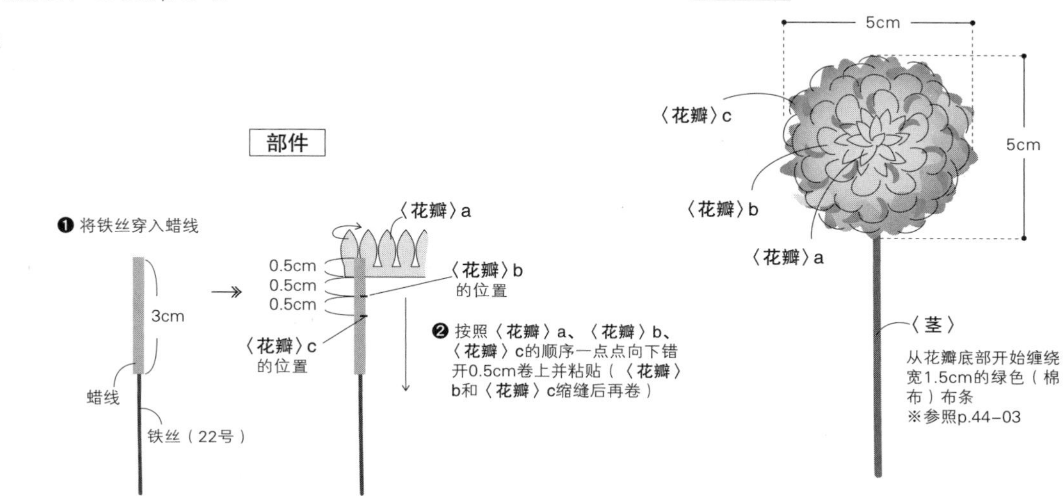

部件
❶ 将铁丝穿入蜡线
3cm
蜡线
铁丝（22号）
〈花瓣〉a
0.5cm
0.5cm
0.5cm
〈花瓣〉b
的位置
〈花瓣〉c
的位置
❷ 按照〈花瓣〉a、〈花瓣〉b、〈花瓣〉c的顺序一点点向下错开0.5cm卷上并粘贴（〈花瓣〉b和〈花瓣〉c缩缝后再卷）
组合方法
[前面]
5cm
5cm
〈花瓣〉c
〈花瓣〉b
〈花瓣〉a
〈茎〉
从花瓣底部开始缠绕宽1.5cm的绿色（棉布）布条
※参照p.44-03

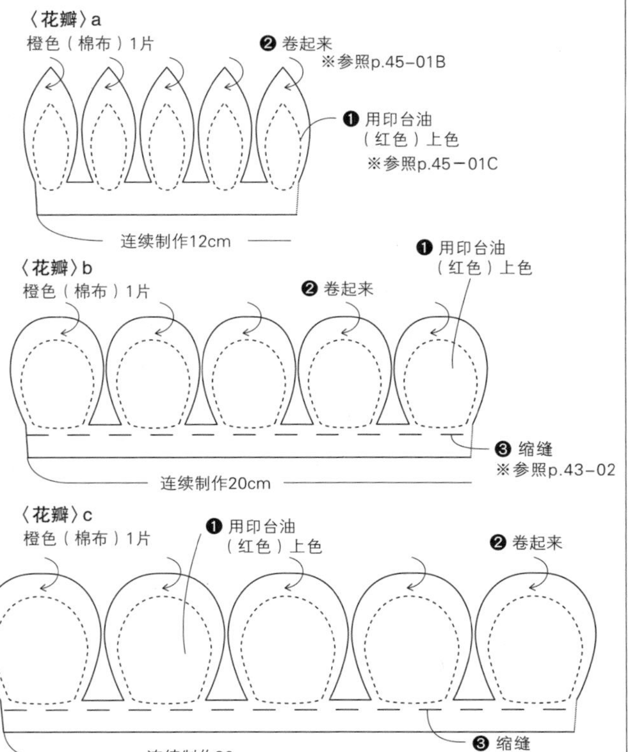

实物同大纸型
〈花瓣〉a
橙色（棉布）1片
❷ 卷起来
※参照p.45-01B
❶ 用印台油（红色）上色
※参照p.45－01C
连续制作12cm
〈花瓣〉b
橙色（棉布）1片
❷ 卷起来
❶ 用印台油（红色）上色
❸ 缩缝
※参照p.43-02
连续制作20cm
〈花瓣〉c
橙色（棉布）1片
❶ 用印台油（红色）上色
❷ 卷起来
❸ 缩缝
连续制作30cm

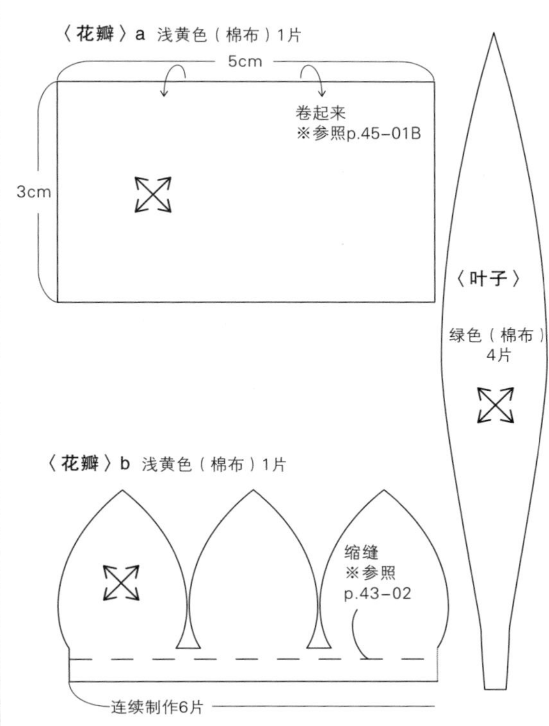

★ p.73 水仙
实物同大纸型
〈花瓣〉a 浅黄色（棉布）1片
5cm
3cm
卷起来
※参照p.45-01B
〈叶子〉
绿色（棉布）
4片
〈花瓣〉b 浅黄色（棉布）1片
缩缝
※参照
p.43-02
连续制作6片

Viola

三色堇

p.21

材料

布……黄色（麻布）5cm×5cm、
紫色（麻布）5cm×5cm、
绿色（棉布）20cm×20cm

线……褐色（25号刺绣线）

其他……手缝线、铁丝（22号）

工具

布用剪刀
黏合剂
手缝针、刺绣针
锥子（粗）
斜嘴钳、钢丝钳
印台油（黄色）
棉签

制作方法

1 转绘纸型，裁剪布料　※参照 p.43-01
2 制作花瓣
3 制作茎　※参照 p.44-03
4 制作花萼　※参照 p.44-04
5 组合各部件　※参照 p.45-06

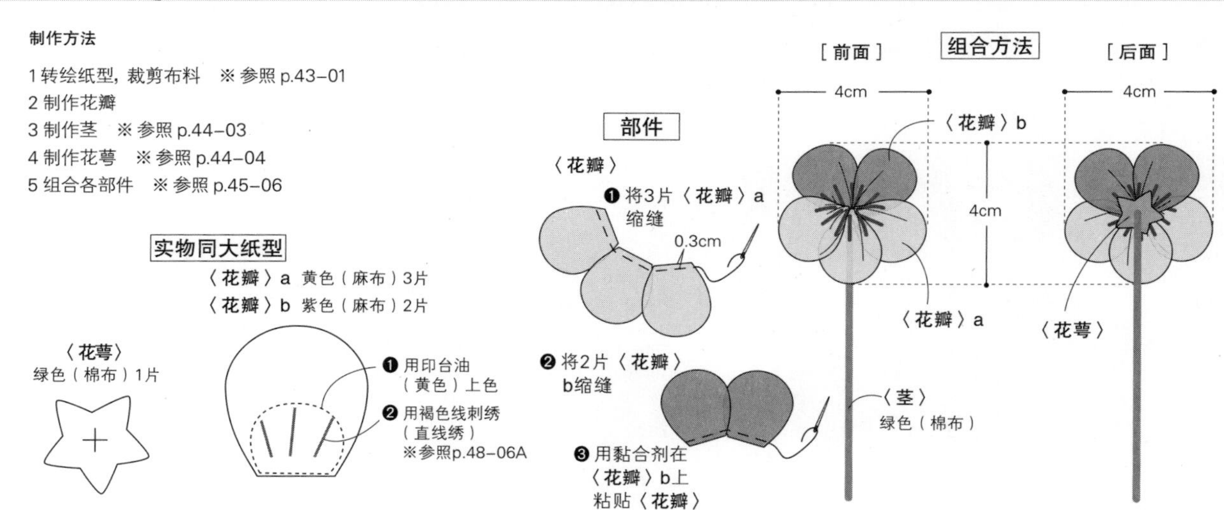

实物同大纸型
〈花瓣〉a 黄色（麻布）3片
〈花瓣〉b 紫色（麻布）2片
〈花萼〉
绿色（棉布）1片
❶ 用印台油（黄色）上色
❷ 用褐色线刺绣（直线绣）※参照p.48-06A
部件
〈花瓣〉
❶ 将3片〈花瓣〉a 缩缝
0.3cm
❷ 将2片〈花瓣〉b缩缝
❸ 用黏合剂在〈花瓣〉b上粘贴〈花瓣〉a
组合方法
[前面]
[后面]
4cm
〈花瓣〉b
〈花瓣〉a
〈茎〉
绿色（棉布）
〈花萼〉

Sunflower

向日葵

p.23

材料

布……黄色（麻布）40cm×5cm、
褐色（棉布）5cm×5cm、
绿色（棉布）20cm×20cm

线……褐色、浅褐色（25号刺绣线）

其他……手缝线、铁丝（22号）、
填充棉

工具

布用剪刀
锯齿剪刀
黏合剂
手缝针、刺绣针
锥子（粗）
钢丝钳
斜嘴钳

制作方法

1 转绘纸型，裁剪布料　※参照 p.43-01
2 制作花瓣　※参照 p.43-02
3 制作茎　※参照 p.44-03
4 制作花萼　※参照 p.44-04
5 制作花蕊　※参照 p.44-05
6 制作叶子　※参照 p.46-03
7 组合各部件　※参照 p.45-06

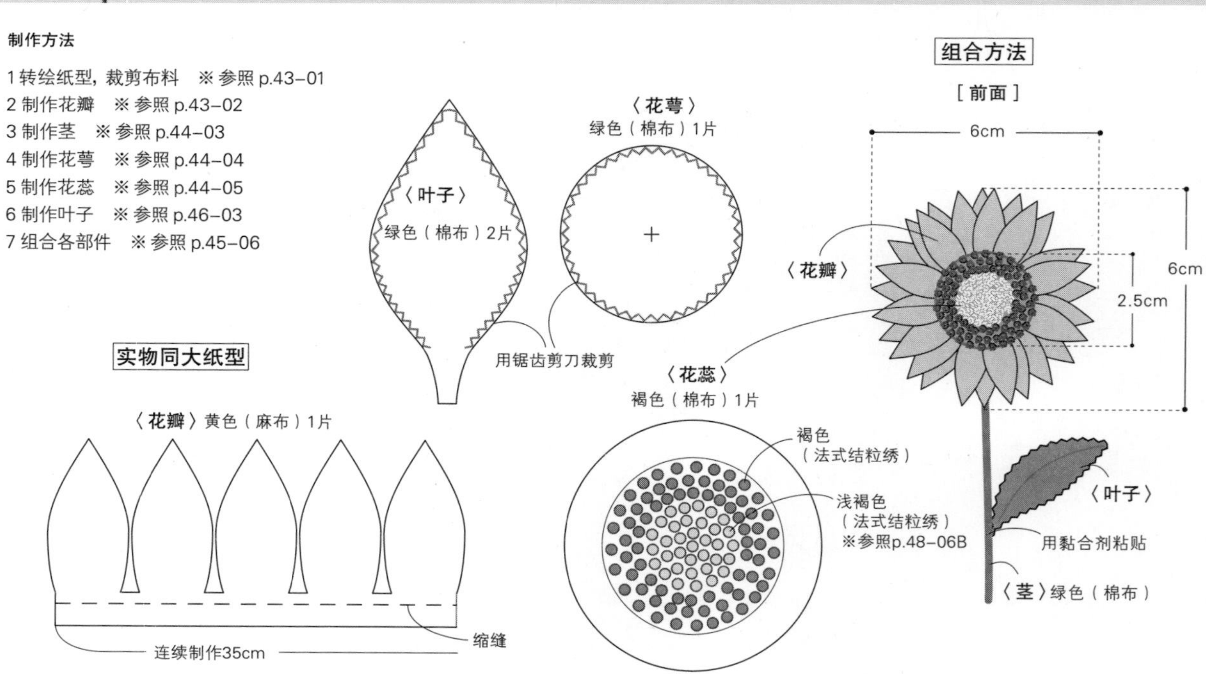

实物同大纸型
〈叶子〉
绿色（棉布）2片
〈花萼〉
绿色（棉布）1片
用锯齿剪刀裁剪
〈花瓣〉黄色（麻布）1片
连续制作35cm
缩缝
〈花蕊〉
褐色（棉布）1片
褐色（法式结粒绣）
浅褐色（法式结粒绣）※参照p.48-06B
组合方法
[前面]
6cm
2.5cm
〈花瓣〉
〈叶子〉
用黏合剂粘贴
〈茎〉绿色（棉布）

Narcissus

水仙

p.26

材料

布……浅黄色（棉布）15cm×15cm、绿色（棉布）20cm×20cm

线……黄色（25号刺绣线）

其他……手缝线、铁丝（22号）、蜡线

工具

布用剪刀

黏合剂

手缝针、刺绣针

锥子（细）

斜嘴钳

制作方法

1 转绘纸型，裁剪布料 ※ 参照 p.43-01

2 制作花蕊 ※ 参照 p.47-04

3 制作叶子 ※ 参照 p.46-03

4 组合各部件

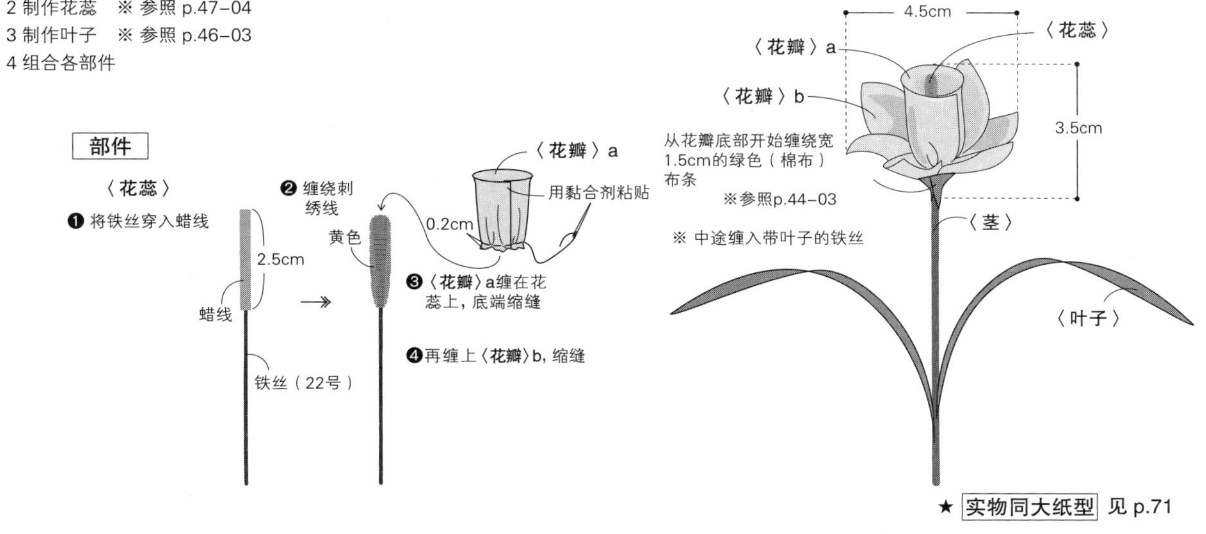

部件
〈花蕊〉
❶ 将铁丝穿入蜡线
2.5cm
蜡线
铁丝（22号）
❷ 缠绕刺绣线
黄色
〈花瓣〉a
0.2cm
用黏合剂粘贴
❸〈花瓣〉a缠在花蕊上，底端缩缝
❹再缠上〈花瓣〉b，缩缝
组合方法
［前面］
4.5cm
〈花瓣〉a
〈花蕊〉
〈花瓣〉b
3.5cm
从花瓣底部开始缠绕宽1.5cm的绿色（棉布）布条
※参照p.44-03
〈茎〉
※ 中途缠入带叶子的铁丝
〈叶子〉

★ 实物同大纸型 见 p.71

Craspedia

金槌花

p.27

材料

布……黄色（棉布）5cm×5cm、绿色（棉布）25cm×25cm

线……黄色（25号刺绣线）

其他……手缝线、铁丝（24号）、填充棉

工具

布用剪刀

黏合剂

手缝针、刺绣针

钢丝钳

斜嘴钳

制作方法

1 转绘纸型，裁剪布料 ※ 参照 p.43-01

2 制作茎 ※ 参照 p.44-03

3 制作花

4 组合各部件

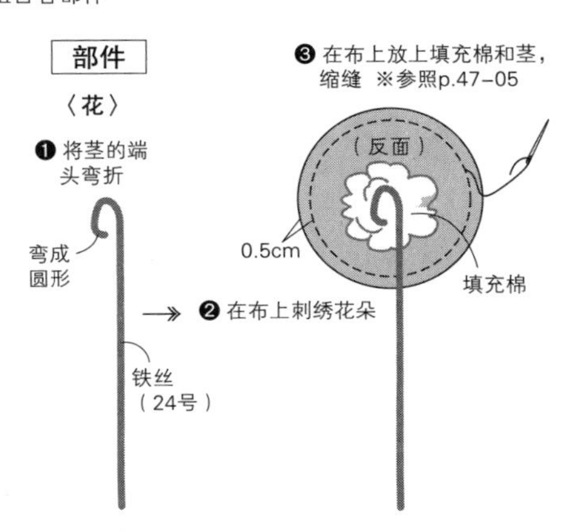

部件
〈花〉
❶ 将茎的端头弯折
弯成圆形
铁丝（24号）
❷ 在布上刺绣花朵
❸ 在布上放上填充棉和茎，缩缝 ※参照p.47-05
（反面）
0.5cm
填充棉

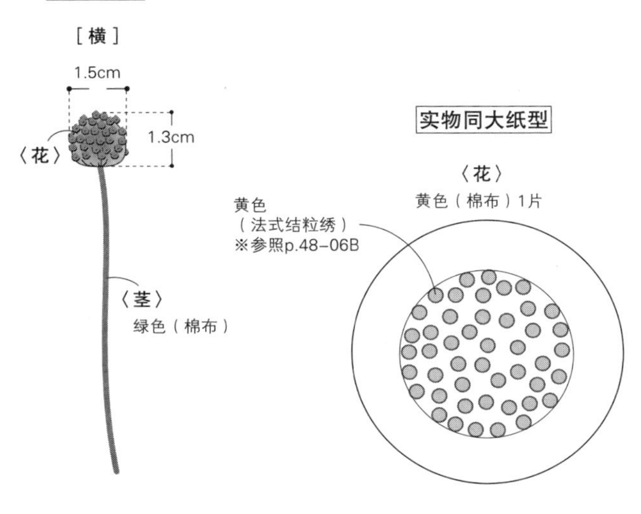

组合方法
［横］
1.5cm
1.3cm
〈花〉
〈茎〉
绿色（棉布）
实物同大纸型
〈花〉
黄色（棉布）1片
黄色
（法式结粒绣）
※参照p.48-06B

Gazania

勋章菊

p.27

材料

布……金黄色（棉布）25cm×5cm、
绿色（棉布）20cm×20cm

线……黄色（25号刺绣线）

其他……手缝线、铁丝（22号）

工具

布用剪刀
锯齿剪刀
黏合剂
手缝针、刺绣针
锥子（粗）、锥子（细）
斜嘴钳、钢丝钳
印台油（深棕色）、棉签

制作方法

1 转绘纸型，裁剪布料 ※参照 p.43-01
2 制作花瓣 ※参照 p.43-02
3 制作茎 ※参照 p.44-03
4 制作花萼 ※参照 p.44-04
5 制作花蕊（无棉） ※参照 p.44-05
6 组合各部件 ※参照 p.45-06

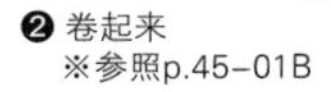

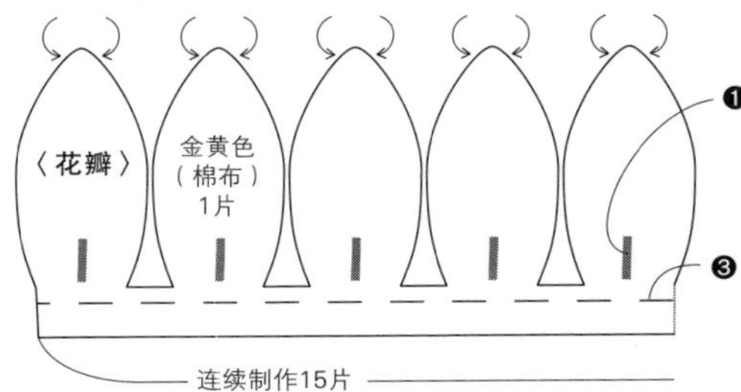

实物同大纸型
❷ 卷起来
※参照p.45-01B
〈花瓣〉
金黄色
（棉布）
1片
❶ 用印台油
（深棕色）
上色
※参照
p.45-01C
❸ 缩缝
连续制作15片

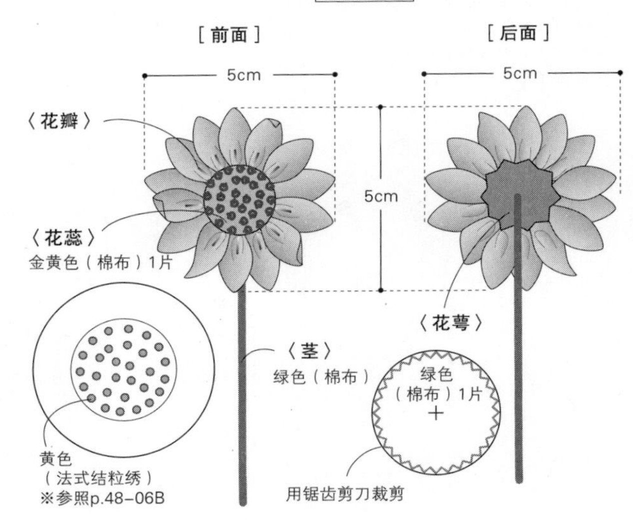

组合方法
[前面]
[后面]
5cm
5cm
5cm
〈花瓣〉
〈花蕊〉
金黄色（棉布）1片
〈茎〉
绿色（棉布）
〈花萼〉
绿色
（棉布）1片
黄色
（法式结粒绣）
※参照p.48-06B
用锯齿剪刀裁剪

Banksia rose

木香花

p.27

材料

布……黄色（麻布）65cm×5cm、
绿色（棉布）20cm×20cm

其他……手缝线、铁丝（22号）

工具

布用剪刀
黏合剂
手缝针
锥子（粗）
钢丝钳
斜嘴钳

制作方法

1 转绘纸型，裁剪布料 ※参照 p.43-01
2 制作花瓣 ※参照 p.46-02B
3 制作茎 ※参照 p.44-03
4 制作花萼 ※参照 p.44-04
5 组合各部件 ※参照 p.45-06

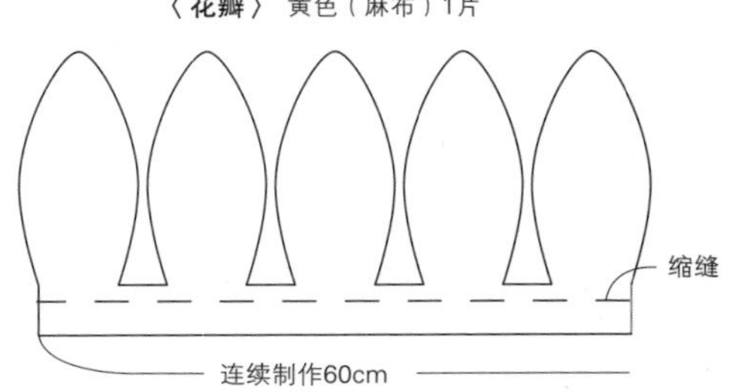

实物同大纸型
〈花瓣〉 黄色（麻布）1片
缩缝
连续制作60cm

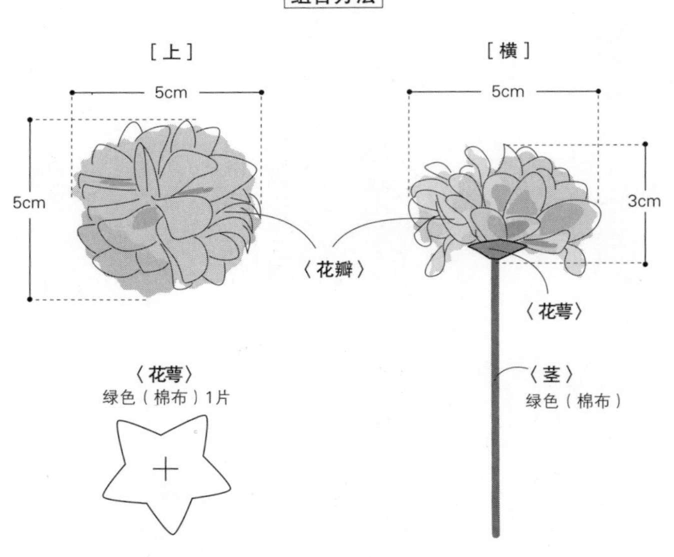

组合方法
[上]
[横]
5cm
5cm
5cm
3cm
〈花瓣〉
〈花萼〉
〈花萼〉
绿色（棉布）1片
〈茎〉
绿色（棉布）

Philadelphia daisy

春飞蓬

p.17

材料

布……白色（麻布）15cm×5cm、
黄色（棉布）10cm×5cm、
黄绿色（棉布）25cm×25cm

线……黄色、白色（25号刺绣线）

其他……手缝线、铁丝（26号）、填充棉

工具

布用剪刀
黏合剂
手缝针、刺绣针
锥子（粗）
钢丝钳
斜嘴钳
印台油（粉色）、棉签

制作方法

1 转绘纸型，裁剪布料 ※参照 p.43-01
2 制作花瓣
3 制作花蕊 ※参照 p.44-05
4 制作6根茎 ※参照 p.44-03
5 制作花蕾
6 组合各部件

实物同大纸型

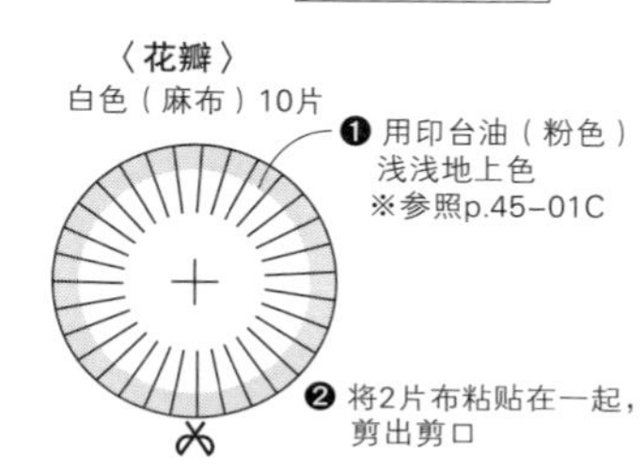

〈花瓣〉
白色（麻布）10片
❶ 用印台油（粉色）浅浅地上色
※参照p.45-01C
❷ 将2片布粘贴在一起，剪出剪口

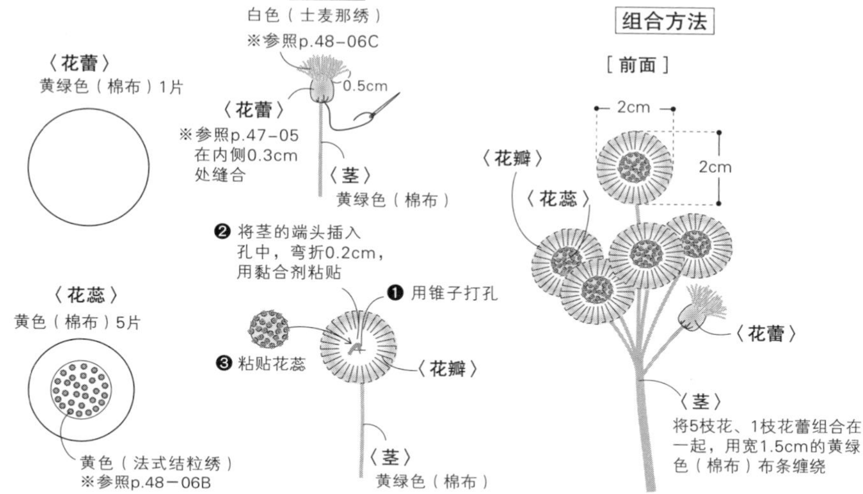

〈花蕾〉
黄绿色（棉布）1片
〈花蕊〉
黄色（棉布）5片
黄色（法式结粒绣）
※参照p.48－06B
部件
白色（土麦那绣）
※参照p.48-06C
0.5cm
〈花蕾〉
※参照p.47-05
在内侧0.3cm
处缝合
〈茎〉
黄绿色（棉布）
❷ 将茎的端头插入孔中，弯折0.2cm，用黏合剂粘贴
❶ 用锥子打孔
❸ 粘贴花蕊
〈花瓣〉
〈茎〉
黄绿色（棉布）
组合方法
[前面]
2cm
2cm
〈花瓣〉
〈花蕊〉
〈花蕾〉
〈茎〉
将5枝花、1枝花蕾组合在一起，用宽1.5cm的黄绿色（棉布）布条缠绕

Gerbera

大丁草花

p.22

材料

布……粉色（棉布）45cm×10cm、
黄绿色（棉布）20cm×20cm

线……深粉色、浅粉色、
黄绿色（25号刺绣线）

其他……手缝线、铁丝（22号）、填充棉

工具

布用剪刀
锯齿剪刀
黏合剂
手缝针、刺绣针
锥子（粗）
钢丝钳
斜嘴钳

制作方法

1 转绘纸型，裁剪布料 ※参照 p.43-01
2 制作花瓣 ※参照 p.46-02B
3 制作花萼 ※参照 p.44-04
4 制作花蕊 ※参照 p.44-05
5 制作茎 ※参照 p.44-03
6 组合各部件 ※参照 p.45-06

实物同大纸型

〈花瓣〉粉色（棉布）1片

缩缝

连续制作40cm

〈花蕊〉粉色（棉布）1片

深粉色（法式结粒绣）

浅粉色（法式结粒绣）

黄绿色（法式结粒绣）
※参照p.48－06B

组合方法

[前面]

5.5cm

〈花瓣〉

2cm

5.5cm

〈茎〉
黄绿色（棉布）

[后面]

5.5cm

〈花萼〉
黄绿色（棉布）1片
用锯齿剪刀裁剪

Sakura

樱花

p.38

材料

布……粉色（棉布）15cm×10cm、
深粉色（棉布）5cm×5cm、
米色（棉布）25cm×25cm

线……黄色（25号刺绣线）

其他……手缝线、铁丝（26号）

工具

布用剪刀
锯齿剪刀
黏合剂
手缝针、刺绣针
锥子（粗）
钢丝钳
斜嘴钳

制作方法

1 转绘纸型，裁剪布料 ※参照 p.43-01
2 制作花瓣 ※参照 p.43-02
3 制作茎 ※参照 p.44-03
4 制作花萼 ※参照 p.44-04
5 制作花蕊（无棉）※参照 p.44-05
6 组合各部件 ※参照 p.45-06

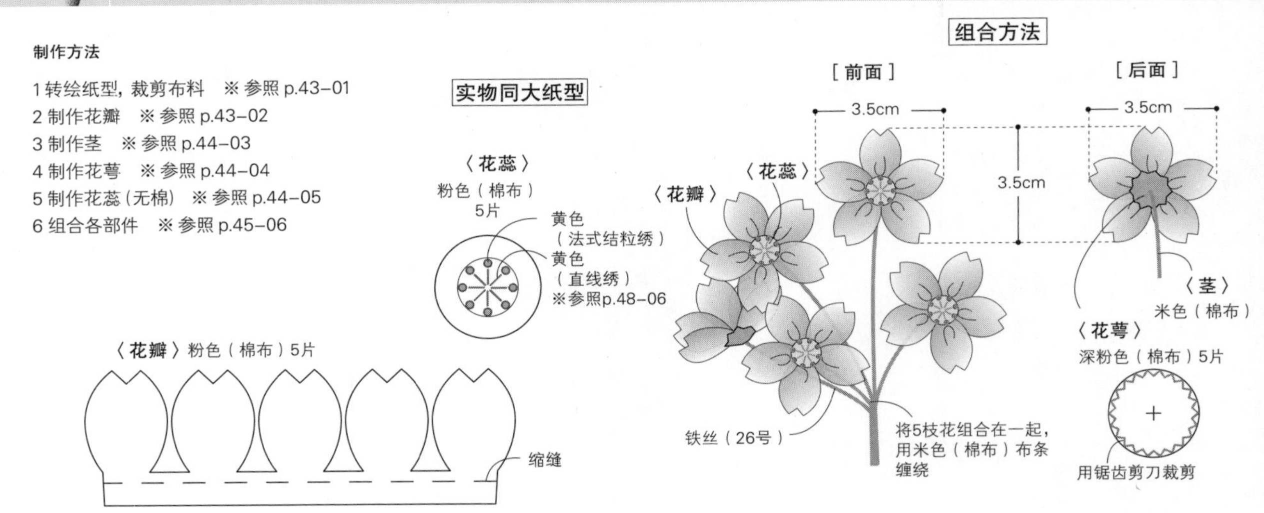

实物同大纸型
〈花蕊〉
粉色（棉布）
5片
黄色
（法式结粒绣）
黄色
（直线绣）
※参照p.48-06
〈花瓣〉粉色（棉布）5片
缩缝
组合方法
[前面]
[后面]
3.5cm
3.5cm
3.5cm
〈花蕊〉
〈花瓣〉
〈茎〉
米色（棉布）
〈花萼〉
深粉色（棉布）5片
铁丝（26号）
将5枝花组合在一起，
用米色（棉布）布条
缠绕
用锯齿剪刀裁剪

Morning glory

牵牛花

p.38

材料

布……浅紫色（棉布）5cm×5cm、
白色（棉布）5cm×5cm、
黄绿色（棉布）25cm×25cm

线……黄色（25号刺绣线）

其他……手缝线、铁丝（22号、26号）、
蜡线

工具

布用剪刀
黏合剂
手缝针、刺绣针
锥子（粗）
钢丝钳
斜嘴钳
胶水

制作方法

1 转绘纸型，裁剪布料 ※参照 p.43-01
2 制作花瓣
3 组合各部件

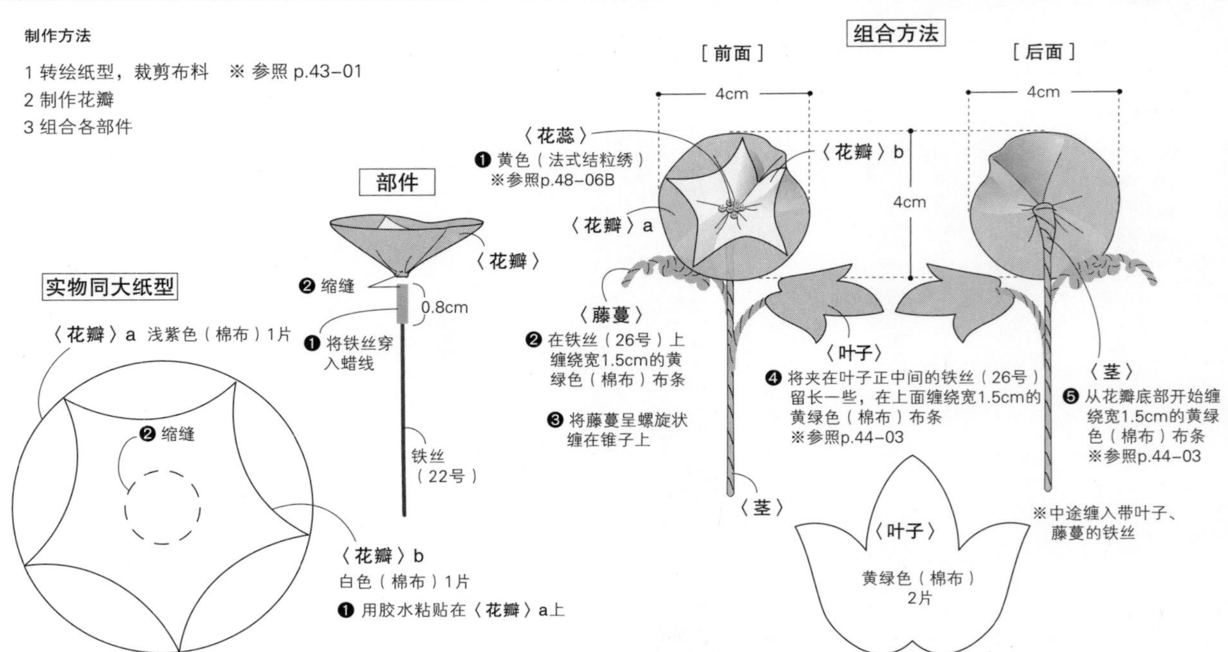

组合方法
[前面]
[后面]
4cm
4cm
4cm
〈花蕊〉
❶ 黄色（法式结粒绣）
※参照p.48-06B
〈花瓣〉b
〈花瓣〉a
部件
〈花瓣〉
❷ 缩缝
0.8cm
❶ 将铁丝穿
入蜡线
铁丝
（22号）
实物同大纸型
〈花瓣〉a 浅紫色（棉布）1片
❷ 缩缝
〈花瓣〉b
白色（棉布）1片
❶ 用胶水粘贴在〈花瓣〉a上
〈藤蔓〉
❷ 在铁丝（26号）上
缠绕宽1.5cm的黄
绿色（棉布）布条
❸ 将藤蔓呈螺旋状
缠在锥子上
〈叶子〉
❹ 将夹在叶子正中间的铁丝（26号）
留长一些，在上面缠绕宽1.5cm的
黄绿色（棉布）布条
※参照p.44-03
〈茎〉
❺ 从花瓣底部开始缠
绕宽1.5cm的黄绿
色（棉布）布条
※参照p.44-03
〈茎〉
※中途缠入带叶子、
藤蔓的铁丝
〈叶子〉
黄绿色（棉布）
2片

Tiger lily

卷丹

p.38

材料

布……白色（棉布）15cm×15cm、
　　　绿色（棉布）20cm×20cm

线……黄绿色、褐色（25号刺绣线）

其他……手缝线、铁丝（22号、26号）

工具

布用剪刀
黏合剂
手缝针
锥子（细）
斜嘴钳、钢丝钳
印台油（粉色、黄色）、棉签
油性笔（黑色）

制作方法

1 转绘纸型，裁剪布料 ※参照 p.43-01
2 制作雄蕊、雌蕊
3 制作花瓣 ※参照 p.43-02
4 组合各部件

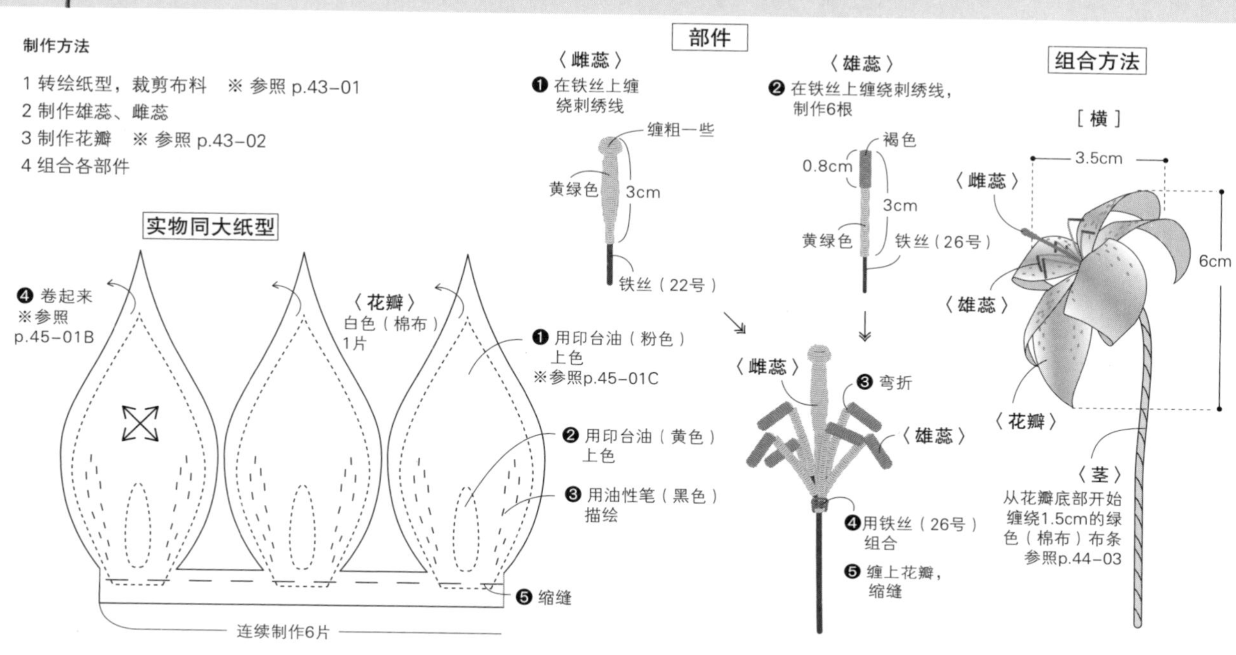

实物同大纸型
❹ 卷起来
※参照
p.45-01B
〈花瓣〉
白色（棉布）
1片
❶ 用印台油（粉色）
上色
※参照p.45-01C
❷ 用印台油（黄色）
上色
❸ 用油性笔（黑色）
描绘
❺ 缩缝
连续制作6片
部件
〈雌蕊〉
❶ 在铁丝上缠
绕刺绣线
缠粗一些
黄绿色
3cm
铁丝（22号）
〈雄蕊〉
❷ 在铁丝上缠绕刺绣线，
制作6根
褐色
0.8cm
3cm
黄绿色
铁丝（26号）
〈雌蕊〉
❸ 弯折
〈雄蕊〉
❹用铁丝（26号）
组合
❺ 缠上花瓣，
缩缝
组合方法
[横]
3.5cm
〈雌蕊〉
6cm
〈雄蕊〉
〈花瓣〉
〈茎〉
从花瓣底部开始
缠绕1.5cm的绿
色（棉布）布条
参照p.44-03

Primula

报春花

p.38

材料

布……粉色（棉布）15cm×5cm、
　　　黄色（棉布）5cm×5cm、
　　　绿色（棉布）20cm×20cm

线……黄色（25号刺绣线）

其他……手缝线、铁丝（22号）

工具

布用剪刀
锯齿剪刀
黏合剂
手缝针、刺绣针
锥子（粗）
斜嘴钳、钢丝钳
印台油（红色）、棉签

制作方法

1 转绘纸型，裁剪布料 ※参照 p.43-01
2 制作花瓣 ※参照 p.43-02
3 制作茎 ※参照 p.44-03
4 制作花萼 ※参照 p.44-04
5 制作花蕊 a（无棉） ※参照 p.44-05
6 组合各部件 ※参照 p.45-06

实物同大纸型

〈花蕊〉a
黄色（棉布）1片

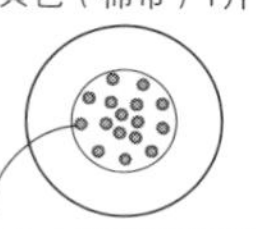

黄色（法式结粒绣）
※参照p.48-06B

〈花瓣〉 粉色（棉布）1片

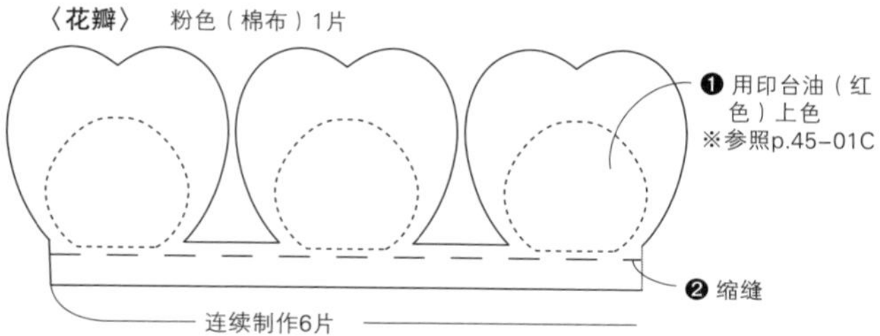

❶ 用印台油（红
色）上色
※参照p.45-01C
❷ 缩缝
连续制作6片

〈花蕊〉b
黄色
（棉布）1片

组合方法

[前面]
5cm
〈花瓣〉
〈花蕊〉a
〈花蕊〉
用黏合剂将
〈花瓣〉a粘
贴在〈花瓣〉
b上
5cm
〈茎〉
绿色（棉布）

[后面]
5cm
〈花萼〉
用锯齿剪刀裁剪
绿色（棉布）
1片

Cosmos

大波斯菊

p.38

材料

布……浅粉色（麻布）15cm × 5cm、
黄色（棉布）5cm × 5cm、
黄绿色（棉布）25cm × 25cm

线……黄色、浅黄色（25 号刺绣线）

其他……手缝线、铁丝（22 号、26 号）、蜡线

工具

布用剪刀
黏合剂
手缝针、刺绣针
锥子（粗）
钢丝钳
斜嘴钳
印台油（粉色）、棉签

制作方法

1 转绘纸型，裁剪布料　※参照 p.43–01
2 制作花瓣　※参照 p.43–02
3 制作茎　※参照 p.44–03
4 制作花萼　※参照 p.44–04
5 制作花蕊（无棉）　※参照 p.44–05
6 制作花蕾
7 组合各部件　※参照 p.45–06

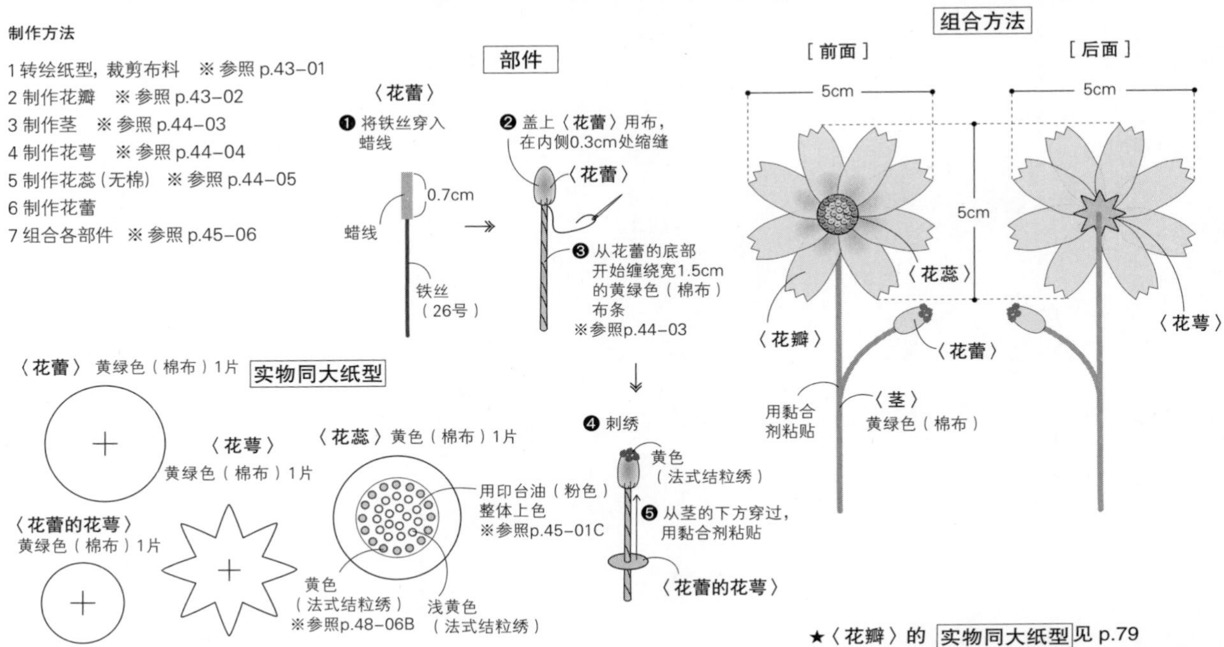

部件
〈花蕾〉
❶ 将铁丝穿入蜡线
0.7cm
蜡线
铁丝（26号）
❷ 盖上〈花蕾〉用布，在内侧0.3cm处缩缝
〈花蕾〉
❸ 从花蕾的底部开始缠绕宽1.5cm的黄绿色（棉布）布条
※参照p.44–03
❹ 刺绣
黄色（法式结粒绣）
❺ 从茎的下方穿过，用黏合剂粘贴
〈花蕾的花萼〉
〈花蕾〉 黄绿色（棉布）1片
实物同大纸型
〈花萼〉 黄绿色（棉布）1片
〈花蕊〉 黄色（棉布）1片
用印台油（粉色）整体上色
※参照p.45–01C
〈花蕾的花萼〉 黄绿色（棉布）1片
黄色（法式结粒绣）
※参照p.48–06B
浅黄色（法式结粒绣）
组合方法
[前面]
[后面]
5cm
5cm
5cm
〈花蕊〉
〈花瓣〉
〈花蕾〉
〈花萼〉
〈茎〉 黄绿色（棉布）
用黏合剂粘贴

★〈花瓣〉的 实物同大纸型见 p.79

Cattleya

卡特兰

p.38

材料

布……红色（棉布）5cm × 5cm、
粉色（棉布）10cm × 10cm、
黄绿色（棉布）20cm × 20cm

线……黄色（25 号刺绣线）

其他……手缝线、铁丝（22 号）、蜡线

工具

布用剪刀
黏合剂
手缝针、刺绣针
锥子（细）
钢丝钳
斜嘴钳

制作方法

1 转绘纸型，裁剪布料　※参照 p.43–01
2 制作花瓣
3 制作花蕊　※参照 p.47–04

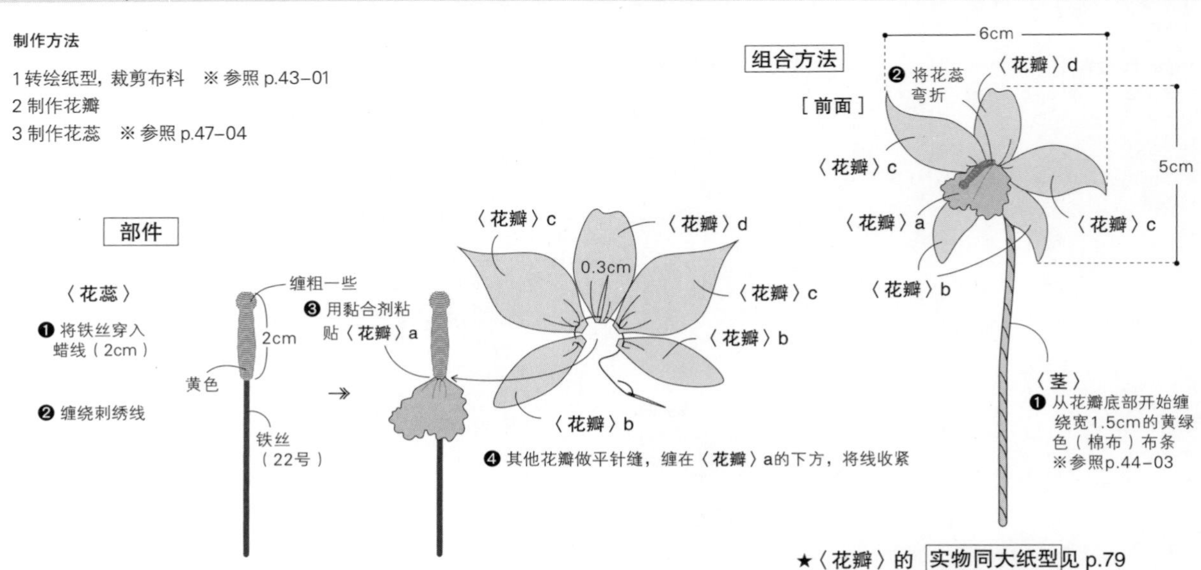

部件
〈花蕊〉
❶ 将铁丝穿入蜡线（2cm）
❷ 缠绕刺绣线
缠粗一些
2cm
黄色
铁丝（22号）
❸ 用黏合剂粘贴〈花瓣〉a
〈花瓣〉c
〈花瓣〉d
0.3cm
〈花瓣〉c
〈花瓣〉b
〈花瓣〉b
❹ 其他花瓣做平针缝，缠在〈花瓣〉a的下方，将线收紧
组合方法
[前面]
6cm
❷ 将花蕊弯折
〈花瓣〉d
〈花瓣〉c
5cm
〈花瓣〉a
〈花瓣〉c
〈花瓣〉b
〈茎〉
❶ 从花瓣底部开始缠绕宽1.5cm的黄绿色（棉布）布条
※参照p.44–03

★〈花瓣〉的 实物同大纸型见 p.79

Sweet pea

豌豆花

p.39

材料

布……粉色（棉布）10cm×10cm、
　　　黄绿色（棉布）25cm×25cm
其他…手缝线、铁丝（22号、26号）、
　　　蜡线

工具

布用剪刀
黏合剂
手缝针
锥子（细）
斜嘴钳、钢丝钳
印台油（白色）、棉签

制作方法

1 转绘纸型，裁剪布料　※ 参照 p.43-01
2 制作藤蔓
3 制作花
4 组合各部件

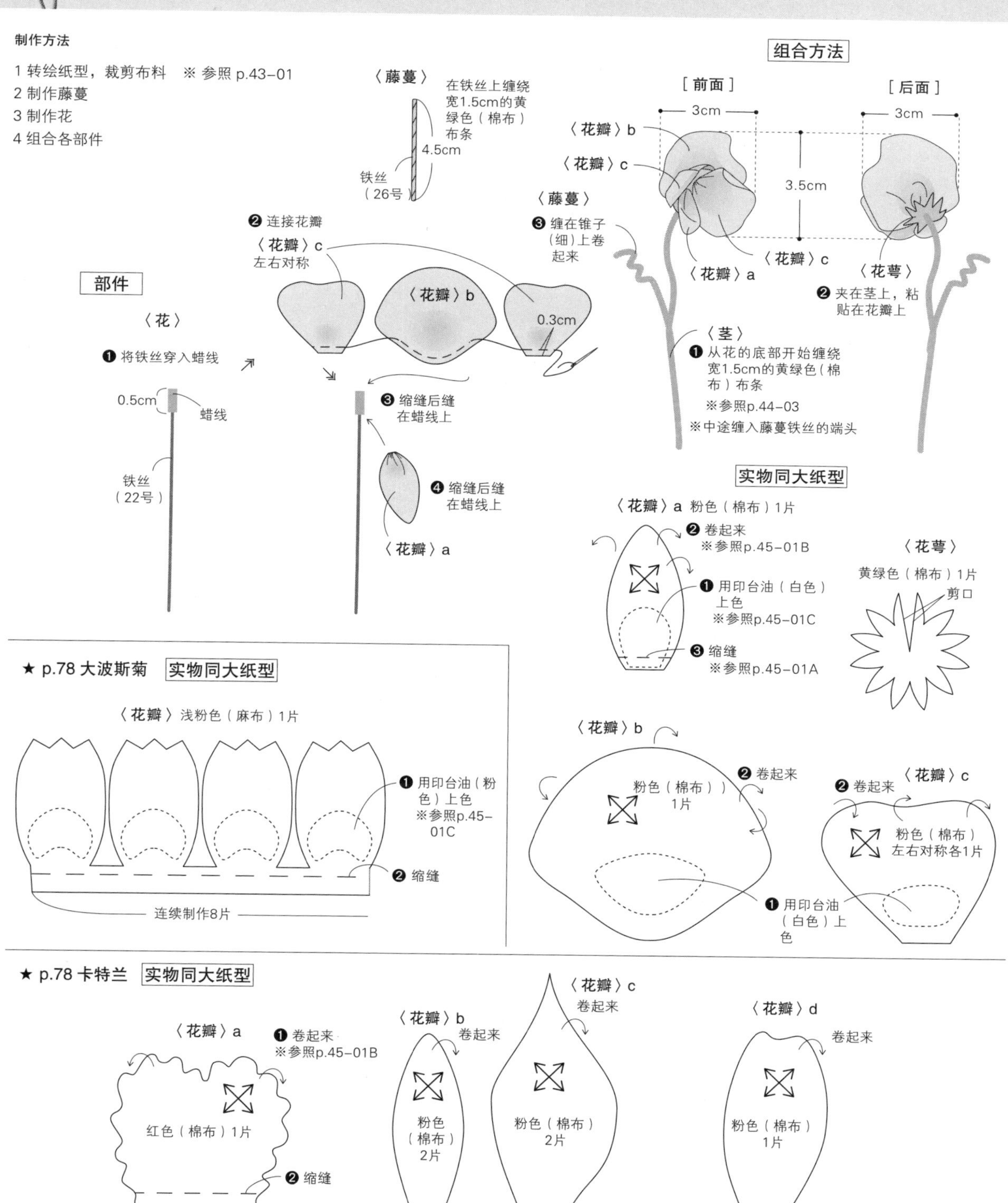

〈藤蔓〉
在铁丝上缠绕宽1.5cm的黄绿色（棉布）布条
4.5cm
铁丝（26号）
部件
〈花〉
❶ 将铁丝穿入蜡线
0.5cm
蜡线
铁丝（22号）
❷ 连接花瓣
〈花瓣〉c 左右对称
〈花瓣〉b
0.3cm
❸ 缩缝后缝在蜡线上
❹ 缩缝后缝在蜡线上
〈花瓣〉a
组合方法
[前面]
[后面]
3cm
3cm
3.5cm
〈花瓣〉b
〈花瓣〉c
〈藤蔓〉
❸ 缠在锥子（细）上卷起来
〈花瓣〉a
〈花瓣〉c
〈花萼〉
❷ 夹在茎上，粘贴在花瓣上
〈茎〉
❶ 从花的底部开始缠绕宽1.5cm的黄绿色（棉布）布条
※参照p.44-03
※中途缠入藤蔓铁丝的端头
实物同大纸型
〈花瓣〉a 粉色（棉布）1片
❷ 卷起来 ※参照p.45-01B
❶ 用印台油（白色）上色 ※参照p.45-01C
❸ 缩缝 ※参照p.45-01A
〈花萼〉
黄绿色（棉布）1片
剪口
〈花瓣〉b
粉色（棉布）1片
❷ 卷起来
❶ 用印台油（白色）上色
〈花瓣〉c
❷ 卷起来
粉色（棉布）左右对称各1片
★ p.78 大波斯菊 实物同大纸型
〈花瓣〉浅粉色（麻布）1片
❶ 用印台油（粉色）上色 ※参照p.45-01C
❷ 缩缝
连续制作8片
★ p.78 卡特兰 实物同大纸型
〈花瓣〉a
❶ 卷起来 ※参照p.45-01B
红色（棉布）1片
❷ 缩缝
〈花瓣〉b
卷起来
粉色（棉布）2片
〈花瓣〉c
卷起来
粉色（棉布）2片
〈花瓣〉d
卷起来
粉色（棉布）1片

Photographers：YUKARI SHIRAI，YUKI MORIMURA
Original Japanese edition published in Japan by NIHON VOGUE Corp.
Simplified Chinese translation rights arranged with BEIJING BAOKU
INTERNATIONAL CULTURAL DEVELOPMENT Co., Ltd.

备案号：豫著许可备字-2020-A-0016

作者简介：指吸快子

生于神奈川县川崎市。毕业于杉野短期大学服装专业。在心与手拼布教室师从日本拼布名家小关铃子学习拼布。在手艺杂志、拼布展等发表、展示作品。在日本出版了《指吸快子的甜美拼布》，在中国台湾出版了《指吸快子的拼布甜蜜世界》和《指吸快子的粉色每日布作》。

图书在版编目（CIP）数据

指尖上绽放的浪漫布艺花 /（日）指吸快子著；如鱼得水译 . —郑州：河南科学技术出版社，2021.10

ISBN 978-7-5725-0466-2

Ⅰ. ①指…　Ⅱ. ①指…　②如…　Ⅲ. ①布艺品—手工艺品—制作　Ⅳ. ①TS973.51

中国版本图书馆 CIP 数据核字 (2021) 第 131573 号

出版发行：河南科学技术出版社
地址：郑州市郑东新区祥盛街 27 号　　邮编：450016
电话：（0371）65737028　65788613
网址：www.hnstp.cn
策划编辑：刘　欣
责任编辑：刘　瑞
责任校对：刘淑文
封面设计：张　伟
责任印制：张艳芳
印　　刷：河南瑞之光印刷股份有限公司
经　　销：全国新华书店
开　　本：889 mm × 1 194 mm　1/16　**印张：**5　**字数：**150 千字
版　　次：2021 年 10 月第 1 版　2021 年 10 月第 1 次印刷
定　　价：49.00 元

如发现印、装质量问题，影响阅读，请与出版社联系并调换。